中国地质大学(武汉)实验教学系列教材
中国地质大学(武汉)实验技术研究项目资助

土工实验指导书

（第二版）

聂良佐　项　伟　编著

图书在版编目(CIP)数据

土工实验指导书/聂良佐,项伟编著. —2 版.武汉:中国地质大学出版社,20017.9
ISBN 978 - 7 - 5625 - 4112 - 7

Ⅰ.①土…
Ⅱ.①聂…
Ⅲ.①土工试验
Ⅳ.①TU41

中国版本图书馆 CIP 数据核字(2017)第 220699 号

土工实验指导书(第二版)	聂良佐 项 伟 编著
责任编辑:陈 琪	责任校对:徐蕾蕾
出版发行:中国地质大学出版社(武汉市洪山区鲁磨路 388 号)	邮政编码:430074
电 话:(027)67883511 传真:67883580	E - mail:cbb @ cug.edu.cn
经 销:全国新华书店	http://cugp.cug.edu.cn
开本:787 毫米×1 092 毫米 1/16	字数:160 千字 印张:6.25
版次:2017 年 9 月第 1 版	印次:2017 年 9 月第 1 次印刷
印刷:武汉籍缘印刷厂	印数:1—2000 册
ISBN 978 - 7 - 5625 - 4112 - 7	定价:25.00 元

如有印装质量问题请与印刷厂联系调换

中国地质大学(武汉)实验教学系列教材

编委会名单

主　　　任： 唐辉明

副　主　任： 徐四平　殷坤龙

编委会成员：（以姓氏笔画排序）

公衍生　祁士华　毕克成　李鹏飞

李振华　刘仁义　吴　立　吴　柯

杨　喆　张　志　罗勋鹤　罗忠文

金　星　姚光庆　饶建华　章军锋

梁　志　董元兴　程永进　蓝　翔

选题策划：

毕克成　蓝　翔　张晓红　赵颖弘　王凤林

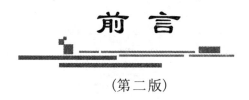

(第二版)

  《土工实验指导书》(第二版)是在2009年第一版的基础上完成的。本版作了部分调整和删减,其基本实验符合本专业和相关专业本科实验教学的实际需要,体现了实事求是、减而存精的初衷。"虹吸法"依然作为特色独创实验方法加以保留,旨在体现创新实验精神。

  土工实验是土木工程、岩土专业和相近专业理论体系中的重要组成部分。开展土工实验教学应以探索实验教学内在规律为出发点,侧重"知行合一,手脑并用"的指导思想和理念,注重在有限的教学环节里,举一反三,由浅入深,触类旁通,提高学生的基础实验动手能力。在此基础上,培养学生创新思维,提高研究和设计实验的能力,关键是弄清基本理论的核心所在,基本实验技能的实质,理论与实际紧密结合,知识整合,促进能力形成。

  本书可作为岩土、地质、环境、建筑及测绘等专业的本科土工实验教学指导参考书。

  在此感谢出版社陈琪同志认真负责的专业精神,也感谢一直以来关心和支持本书出版的编委会。

  限于篇幅和本人的学识水准,不当之处,诚请专家学者惠赐教正。

笔 者
2017年7月于中国地质大学(武汉)

目 录

第一部分 土的室内实验 ……………………………………………………… (1)

实验一 颗粒成分实验 ……………………………………………………… (3)
一、筛析法测定砂类土的粒度成分 ………………………………………… (3)
二、密度计法测定细粒土的粒度成分 ……………………………………… (5)
三、虹吸比重瓶法测定黏性土的粒度成分 ………………………………… (11)

实验二 测定土的物理性质指标实验 ……………………………………… (18)
一、比重瓶法测定土粒的密度 ……………………………………………… (18)
二、环刀法和蜡封法测定土的密度 ………………………………………… (20)
三、烘干法测定土的含水率 ………………………………………………… (23)

实验三 测定黏性土的液限和塑限 ………………………………………… (25)
一、锥式液限仪法测定黏性土的液限 ……………………………………… (25)
二、搓条法测定黏性土的塑限 ……………………………………………… (26)
三、联合测定仪法测定黏性土的液限和塑限 ……………………………… (27)

实验四 土的压缩性质实验 ………………………………………………… (29)
一、杠杆式固结仪求参(低压) ……………………………………………… (29)
二、杠杆式固结仪求参(中、高压) ………………………………………… (33)

实验五 测定土的抗剪强度指标 …………………………………………… (36)
一、直接剪切实验 …………………………………………………………… (36)
二、静三轴压缩剪切实验 …………………………………………………… (39)

第二部分 土体的原位实验 …………………………………………………… (47)

实验六 静力触探实验 ……………………………………………………… (49)
一、静力触探的贯入设备 …………………………………………………… (49)
二、探头 ……………………………………………………………………… (50)

实验七 旁压实验 …………………………………………………………… (54)
一、预钻式旁压实验 ………………………………………………………… (54)

二、自钻式旁压实验……………………………………………………………（60）

实验八　扁铲侧胀实验…………………………………………………………（64）
　　一、扁铲侧胀实验的设备………………………………………………………（64）
　　二、现场实验……………………………………………………………………（65）
　　三、实验资料整理………………………………………………………………（65）
　　四、成果应用……………………………………………………………………（66）

主要参考文献………………………………………………………………………（71）

附　录………………………………………………………………………………（73）
　　附录一　土的物理力学性质指标的应用………………………………………（75）
　　附录二　扰动试样制备技术方法介绍…………………………………………（77）
实验成果报告………………………………………………………………………（79）

第一部分

土的室内实验

实验一　颗粒成分实验

颗粒成分实验是用来测定土中各种粒组占该土总质量的百分数的实验,可分为筛析法和静水沉降分析法。其中,静水沉降分析法包括密度计法、移液管法和三通虹吸比重瓶法。粒径大于0.075mm的土粒,可用筛析法来测定;粒径小于0.075mm的土粒,则用静水沉降分析法来测定。

一、筛析法测定砂类土的粒度成分

主题词:筛析法;颗粒成分;粒径;粒组;粒组质量百分含量;累积质量百分含量;不均匀系数;曲率系数;级配判断

1.基本原理

筛析法是利用一套孔径不同的标准分析筛(图1-1)来分离一定质量的砂土中与筛孔径相应的粒组,而后称量,计算各粒组的相对含量,确定砂土的粒度成分。此法只适用于分离粒径大于0.075mm的粒组。

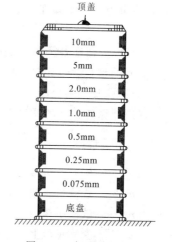

图1-1　标准分析筛

2.仪器设备

(1)标准分析筛一套(图1-1);
(2)普通天平:感量为0.1g,称量为500g;
(3)研钵及橡皮头研棒;
(4)毛刷、白纸、尺等。

3.操作步骤

1)制备土样

(1)风干土样,将土样摊成薄层,在空气中放1~2天,使土中水分蒸发。若土样已干,则可直接使用。

(2)若试样中有结块,可将试样倒入研钵中,用橡皮头研棒研磨,直到结块成为单独颗粒为止。但须注意不要把颗粒研散。

(3)从松散的或研散的土样中取代表性试样,其数量如下:

最大粒径小于2mm者,取100~300g;
最大粒径为2~10mm的,取300~900g;
最大粒径为10~20mm的,取1000~2000g;
最大粒径为20~40mm的,取2000~4000g;
最大粒径大于40mm者,取4000g以上。

用四分法来选取试样,方法如下:将土样拌匀,倒在纸上成圆锥形[图1-2(a)],然后用尺

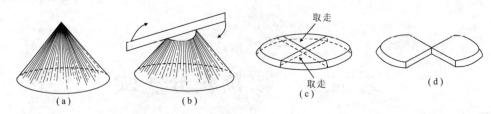

图 1-2 四分法图解

以圆锥顶点为中心,向一定方向旋转[图 1-2(b)],使圆锥成为 1~2cm 厚的圆饼状;继而用尺划两条相互垂直的直线,使土样分成四等份,取走相同的两份[图 1-2(c)、图 1-2(d)],将剩下的两份样拌匀;重复上述步骤,直到剩下的土样约等于需要量为止。

2)过筛及称量

(1)用普通天平称取一定量的试样(m_s),准确至 0.1g,记录之。

(2)检查标准分析筛是否按顺序(大孔径放在上面,小孔径放在下面)叠好,筛孔是否干净,若夹有土粒,需刷净。然后将已称量的试样倒入顶层的筛盘中,盖好盖,用摇筛机或手进行筛析,摇振时间一般为 10~15min,然后按顺序将每只筛盘取下,在白纸上用手轻叩筛盘,摇晃,直到筛净为止。将漏在白纸上的土粒放入下一层筛盘内,按此顺序,直到最末一层筛盘筛净为止。

(3)称量留在各筛盘上的土粒 m_i,准确至 0.1g,并测量试样中最大颗粒的直径。若粒径大于 2mm 的颗粒含量超过 50%,则应再用粗筛进行筛析。

3)计算及误差分配

(1)计算各粒组的质量百分含量,准确至小数点后一位。

$$X_i = \frac{m_i}{m_s} \times 100\% \tag{1-1}$$

式中:X_i——粒组质量百分含量,%;

　　　m_i——某粒组质量,g;

　　　m_s——试样质量,g。

(2)各筛盘及底盘上土粒的质量之和与筛前所称试样的质量之差不得大于 1%,否则,应重新实验。若两者差值小于 1%,可视实验过程中误差产生的原因,分配给某些粒组。最终,各粒组质量百分含量之和应等于 100%。

4)核查土类

若粒径小于 0.075mm 的颗粒含量大于 50%,则该土不是砂土,而是细粒土,将这一部分用沉降法继续分析。

5)成果

将实验数据填写在记录表格中(参见后面"实验成果报告"),根据试样的粒度成分定出土的名称,绘制累计曲线,求不均匀系数 C_u 和曲率系数 C_c,并说明该土的均一性。

4. 注意事项

(1)在筛析进行中,尤其是将试样由一器皿倒入另一器皿时,要避免微小颗粒的飞扬。

(2)过筛后,要检查筛孔中是否夹有颗粒,若夹有颗粒,应将颗粒轻轻刷下,放入该筛盘上的土样中,一并称量。

5.思考题

(1)"粒组"与"粒度成分"两个术语有什么区别？

(2)试样数量选取的原则是什么？

(3)你的实验有无误差？若有误差,你是如何进行分配的？

二、密度计法测定细粒土的粒度成分

主题词：密度计法；颗粒成分；粒径；粒组；粒组质量百分含量；累积质量百分含量

1. 基本原理

密度计是测定液体密度的仪器。它的主体是一个玻璃浮泡,浮泡下端有固定的重物,使密度计能直立地浮于液体中；浮泡上为细长的刻度杆,其上有刻度和读数。目前使用的有甲种密度计和乙种密度计两种型号。甲种密度计刻度杆上的刻度单位表示20℃时每1000ml悬液内所含土粒的质量,乙种密度计则表示20℃时悬液的密度。由于受实验室多种因素的影响,若悬液温度不是20℃,为准确测得20℃时悬液的密度(或土粒质量),则必须将初读数经温度校正；此外,还需进行弯液面校正、刻度校正、分散剂校正。

本实验用斯托克斯(Stokes)公式来求土粒在静水中的沉降速度。密度计法是通过测定土粒的沉降速度后求相应的土粒直径,如下式所示

$$d = \sqrt{\frac{1800\eta}{(\rho_s - \rho_w)g} \cdot v} \qquad (1-2)$$

若土粒密度一定,悬液温度恒定,令

$$\frac{1800\eta}{(\rho_s - \rho_w)g} = A = 常数$$

则

$$d = \sqrt{A \cdot v} = \sqrt{A \cdot \frac{H_r}{t}} \qquad (1-3)$$

式中：d——颗粒直径,mm；

η——水的动力黏滞系数,Pa·s(10^{-3})；

ρ_s——土粒的密度,g/cm³；

ρ_w——4℃时水的密度,g/cm³；

g——重力加速度,cm/s²；

v——沉降速度,cm/s；

H_r——有效深度,cm；

t——沉降时间,s。

已知密度的均匀悬液在静置过程中,由于不同粒径土粒的下沉速度不同,粗、细颗粒发生分异现象。随粗颗粒不断沉至容器底部,悬液密度逐渐减小。密度计在悬液中的沉浮决定于悬液的密度变化。密度大时浮得高,读数大；密度小时浮得低,读数小。右悬液静置一定时间(t)后,将密度计放入盛有悬液的量筒中,可根据密度计刻度杆与液面指示的读数测得某深度H_r(称有效深度)处的密度,并可按式(1-2)求出下沉至H_r处的最大粒径d；同时,通过计算即可求出H_r处单位体积悬液中直径小于d的土粒含量,以及这种土粒在全部土样中所占的质量百分含量。由于悬液在静置过程中密度逐渐减小,相隔一段时间测定一次读数,就可以求出不

同粒径在土中的相对含量。

1) 有效深度 H_r 的计算

在均质悬液静置过程中,由于土粒不断下沉,使不同深度处的悬液的密度随时间的推移不断地变化,所以利用密度计测得的密度近似于密度计浮泡所排开的悬液的平均密度。若近似地将液面至密度计浮泡中心之间液柱的密度变化当作一直线(实际上是曲线),如图1-3所示,则可以认为液面指示的读数相当于浮泡中心所在平面的悬液密度,那么求出密度计的浮泡中心,并记录密度计读数,就可以求出浮泡中心距液面的深度 h。但由于密度计放入悬液后,使原来的悬液面升高(图1-4),所以,h 值需经校正后才可以求出下沉距离 H_r,从而求得密度计浮泡中心所在平面上最大的土粒直径 d。在这一平面上的最大粒径土粒是由悬液表面沉下来的,因此密度计放入悬液中后,浮泡中心至液面的距离应是

$$h = \frac{N-R}{N}L + a \tag{1-4}$$

式中:h——浮泡中心至液面的距离,cm;

N——密度计最低刻度的读数,无量纲;

R——液面所指示的读数,无量纲;

L——由密度计最小刻度读数至最大刻度读数间的绝对长度,是一个可以直接量得的密度计常数(不同的密度计,其数值各异),cm;

a——密度计浮泡中心到最低刻度的绝对长度,也是一个可以直接量得的常数,cm;

$\frac{N-R}{N}L$——按平均内插法求密度计读数到最低一个刻度的长度。该值也可以直接量测,cm。

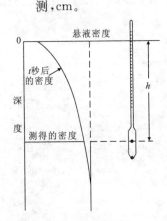

图1-3 密度计测定悬液密度图解

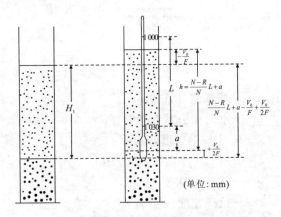

图1-4 密度计各测定数值间的关系图解

必须注意的是,h 是浮泡中心附近的液体质点在密度计放入液体后所具有的深度。这个质点在未放入密度计前的深度 H_r 比 h 有更大的意义。将液体置于横断面积为 F 的量筒中,密度计浮泡体积为 V_0(刻度杆的体积忽略不计),液面将因密度计的放入而升高 $\frac{V_0}{F}$。与此同时,位于浮泡中心的质点比未放入密度计前所处的位置高 $\frac{V_0}{2F}$,因为此质点以下的液体由于浮泡下半截的沉入而升高了。由图1-4不难看出如下的关系

$$H_r = \frac{V_0}{2F} + h - \frac{V_0}{F} = h - \frac{V_0}{2F}$$

由式(1-4)，则得

$$H_r = \frac{N-R}{N}L + a - \frac{V_0}{2F} \tag{1-5}$$

式中，仅 R 为变数，通常用图解法表示 H_r 与 R 的关系，从而求出 H_r。

2) 密度计浮泡中心平面上之最大粒径 d 的计算

求出 H_r 后，按式(1-3)求 d，为计算方便起见，现将常数项 A 列于表 1-1 中。

表 1-1 粒径计算系数 $A\left(=\sqrt{\dfrac{1800\eta}{(\rho_s-\rho_w)g}}\right)$ 值表

粒径计算系数 A 温度(℃) \ 土粒密度	土粒密度(g·cm⁻³)								
	2.45	2.50	2.55	2.60	2.65	2.70	2.75	2.80	2.85
5	0.1385	0.1360	0.1399	0.1318	0.1298	0.1279	0.1261	0.1243	0.1226
6	0.1365	0.1342	0.1320	0.1299	0.1280	0.1261	0.1243	0.1225	0.1208
7	0.1344	0.1321	0.1300	0.1280	0.1260	0.1241	0.1224	0.1206	0.1189
8	0.1324	0.1302	0.1281	0.1260	0.1241	0.1223	0.1205	0.1188	0.1182
9	0.1305	0.1283	0.1262	0.1242	0.1224	0.1205	0.1187	0.1171	0.1164
10	0.1288	0.1267	0.1247	0.1227	0.1208	0.1189	0.1173	0.1156	0.1141
11	0.1270	0.1249	0.1229	0.1209	0.1190	0.1173	0.1156	0.1140	0.1124
12	0.1253	0.1232	0.1212	0.1193	0.1175	0.1157	0.1140	0.1124	0.1109
13	0.1235	0.1214	0.1195	0.1175	0.1158	0.1141	0.1124	0.1109	0.1094
14	0.1221	0.1200	0.1180	0.1162	0.1149	0.1127	0.1111	0.1095	0.1080
15	0.1205	0.1184	0.1165	0.1148	0.1130	0.1113	0.1096	0.1081	0.1067
16	0.1189	0.1169	0.1150	0.1132	0.1115	0.1098	0.1083	0.1067	0.1053
17	0.1173	0.1154	0.1135	0.1118	0.1100	0.1085	0.1069	0.1047	0.1039
18	0.1159	0.1140	0.1121	0.1103	0.1086	0.1071	0.1055	0.1040	0.1026
19	0.1145	0.1125	0.1108	0.1090	0.1073	0.1058	0.1031	0.1088	0.1014
20	0.1130	0.1111	0.1093	0.1075	0.1059	0.1043	0.1029	0.1014	0.1000
21	0.1118	0.1099	0.1081	0.1064	0.1043	0.1033	0.1018	0.1003	0.0990
22	0.1103	0.1085	0.1067	0.1050	0.1035	0.1019	0.1004	0.0990	0.097 67
23	0.1091	0.1072	0.1055	0.1038	0.1023	0.1007	0.099 30	0.097 93	0.096 59
24	0.1078	0.1061	0.1044	0.1028	0.1012	0.099 70	0.098 23	0.096 00	0.095 55
25	0.1065	0.1047	0.1031	0.1014	0.0990	0.098 39	0.097 01	0.095 66	0.094 34
26	0.1054	0.1035	0.1019	0.1003	0.098 79	0.097 31	0.095 92	0.094 55	0.093 27
27	0.1041	0.1024	0.1007	0.099 15	0.097 67	0.096 23	0.094 82	0.093 49	0.092 25
28	0.1032	0.1014	0.099 75	0.098 18	0.096 70	0.095 29	0.093 91	0.092 57	0.091 32
29	0.1019	0.1002	0.098 59	0.097 06	0.095 55	0.094 13	0.092 79	0.091 44	0.090 28
30	0.1008	0.0991	0.097 52	0.095 97	0.094 50	0.093 11	0.091 76	0.090 50	0.089 27

3) 粒径小于 d 的土粒累积质量百分含量的计算

(1) 乙种密度计的计算方法。

其原理是:悬液经搅拌历时 t 后,在 H_r 深处的密度应等于 1ml 的水的质量加上分散到这 1ml 水内的土粒质量,减去这些土粒所排开的同体积液体的质量,即

$$R_{20} = \rho_{w20} + \frac{m_s}{V} - \frac{m_s}{\rho_s V}\rho_{w20} \tag{1-6}$$

式中:R_{20}——悬液温度为 20℃ 时的密度计读数,g/cm³;

ρ_{w20}——悬液温度为 20℃ 时水的密度,g/cm³;

m_s——小于某粒径土粒的质量,g;

ρ_s——土粒的密度,g/cm³;

V——悬液体积,cm³。

如果悬液温度为 20℃ 时水的密度近似等于 1,根据式(1-6)可得悬液中粒径小于 d 的土粒质量

$$m_s = \frac{\rho_s}{\rho_s - 1}(R_{20} - 1)V \tag{1-7}$$

粒径小于 d 的土粒的累积质量百分含量应是

$$X_d = \frac{m_i}{m_s} \times 100\% = \frac{\rho_s}{\rho_s - 1} \times \frac{V \cdot 100}{m_s}(R_{20} - 1)\% \tag{1-8}$$

式中:m_i——试样干土质量,g;

其余符号意义同前。

2) 甲种密度计的计算方法。

甲种密度计的读数表示 20℃ 时悬液中粒径小于 d 的土粒质量,因其刻度是假定土粒密度为 2.65g/cm³ 制作的,所以土粒密度不等于该值时需进行校正(表 1-2)

$$X_d = \frac{100}{m_s} \times R'_{20} \times C_s\% \tag{1-9}$$

式中:C_s——土粒密度校正值,$C_s = \frac{\rho_s}{\rho_s - \rho_{w20}} \times \frac{2.65 - \rho_{w20}}{2.65}$;

R'_{20}——悬液温度为 20℃ 时甲种密度计的读数,g/cm³。

表 1-2 土粒密度校正值 C_s

土粒密度(g·cm⁻³)	2.60	2.62	2.64	2.65	2.66	2.68	2.70	2.72
校正值	1.012	1.007	1.002	1.000	0.998	0.993	0.989	0.985
土粒密度(g·cm⁻³)	2.74	2.76	2.78	2.80	2.82	2.84	2.86	2.88
校正值	0.981	0.977	0.973	0.969	0.965	0.961	0.958	0.954

2. 仪器设备

(1)密度计:甲种密度计,刻度杆上的读数自 0~60,最小刻度单位为 1.0;乙种密度计,刻度杆上的读数自 0.995~1.030,最小刻度单位为 0.001。

(2)量筒:1000ml、500ml、250ml 各一个。

(3)制备土样的设备:研钵和研棒、筛、天平、煮沸设备、洗瓶、烧瓶、大漏斗、瓷皿、烘箱、干燥器等。

(4)悬液搅拌器、温度计、木尺等。

3. 操作步骤

1)测定密度计及量筒的各种常数

(1)测量密度计浮泡体积 V_0:取 250ml 量筒一个,注水约 150ml,记下读数,将密度计浮泡没于水中至最低刻度处,读出量筒上液面读数,此读数与原读数之差即浮泡体积。

(2)测量密度计浮泡中心到最低刻度处的校正距离 a:将密度计浮泡的一半没入水中,当排开的水等于 $\dfrac{V_0}{2}$ 时,用尺量出由水面到最低刻度的长度。

(3)测量密度计玻璃杆上最低刻度至最高刻度间的长度 L。

(4)测定 1000ml 量筒的内径,以求得量筒的横断面面积 F。

2)测定密度计读数的校正值

(1)密度计的各个刻度校正值 n:把密度计放入已知密度的液体中,其读数与已知密度之差即为刻度校正值。此值可正,可负,课前应绘制校正曲线备查。

(2)弯液面校正值 u:密度计读数应以弯液面的底面为准,但放入浑浊的悬液中就看不清底面的刻度了,所以在观测时都读弯液面顶面刻度。因此,必须于测定之前,在清水中读数弯液面顶面高出其底面的数值(图1-5),以便校正每一读数。因弯液面顶面刻度永远小于底面刻度,故此值永远为正(某些密度计,出厂时已注明以弯液面上缘为准,即 $u=0$)。

(3)温度校正值 m:悬液温度影响悬液密度和密度计玻璃杆的膨胀值,故悬液温度如不等于20℃时,应加温度校正值(表1-3)。

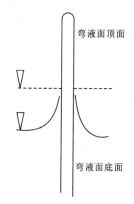

图 1-5 读数弯液面顶面高出其底面的数值

表 1-3 温度校正值

悬液温度(℃)	甲种密度计温度校正值	乙种密度计温度校正值	悬液温度(℃)	甲种密度计温度校正值	乙种密度计温度校正值
10.0	−2.0	−0.0012	20.0	+0.0	+0.0000
10.5	−1.9	−0.0012	20.5	+0.1	+0.0001
11.0	−1.9	−0.0012	21.0	+0.3	+0.0002
11.5	−1.8	−0.0011	21.5	+0.5	+0.0003
12.0	−1.8	−0.0011	22.0	+0.6	+0.0004
12.5	−1.7	−0.0010	22.5	+0.8	+0.0005
13.0	−1.6	−0.0010	23.0	+0.9	+0.0006
13.5	−1.5	−0.0009	23.5	+1.1	+0.0007

续表 1-3

悬液温度(℃)	甲种密度计温度校正值	乙种密度计温度校正值	悬液温度(℃)	甲种密度计温度校正值	乙种密度计温度校正值
14.0	−1.4	−0.0009	24.0	+1.3	+0.0008
14.5	−1.3	−0.0008	24.5	+1.5	+0.0009
15.0	−1.2	−0.0008	25.0	+1.7	+0.0010
15.5	−1.1	−0.0007	25.5	+1.9	+0.0011
16.0	−1.0	−0.0006	26.0	+2.1	+0.0013
16.5	−0.9	−0.0006	26.5	+2.2	+0.0014
17.0	−0.8	−0.0005	27.0	+2.5	+0.0015
17.5	−0.7	−0.0004	27.5	+2.6	+0.0016
18.0	−0.5	−0.0003	28.0	+2.9	+0.0018
18.5	−0.4	−0.0003	28.5	+3.1	+0.0019
19.0	−0.3	−0.0002	29.0	+3.3	+0.0021
19.5	−0.1	−0.0001	29.5	+3.5	+0.0022
20.0	−0.0	−0.0000	30.0	+3.7	+0.0023

(4) 分散剂校正值 c_D：为了使悬液充分分散，会加一定量的分散剂，导致增大了悬液的密度，故应减去这部分密度。测定 20℃ 蒸馏水密度和 20℃ 蒸馏水加分散剂水溶液的密度，其差值就是分散剂校正值。

3) 处理土样及制备悬液

(1) 取代表性试样 200~300g，风干并测定试样的风干含水率，放入研钵中，用带橡皮头的研棒研散。

(2) 称风干试样 30g 倒入锥形瓶，注入蒸馏水 200ml，浸泡过夜。

(3) 将盛土液的锥形瓶稍加摇晃后放在煮沸设备上进行煮沸，自沸腾时算起，粉土不少于 30min，黏性土 60min。

(4) 将冷却后的悬液全部冲入瓷皿中，用带橡皮头的研棒研磨；静止约 1min，将上部悬液倒在 0.075mm 的洗筛上，经漏斗注入大量筒内，加蒸馏水于瓷皿中研磨，倒出上部悬液过筛入量筒内。如此反复，直至悬液澄清后将瓷皿中全部试样过筛，冲洗干净；将筛上砂粒移入蒸发皿内，烘干后，按实验一方法过筛称量，并计算各粒组的质量百分含量。

(5) 在大量筒中加入 4% 浓度的六偏磷酸钠 10ml，再注入蒸馏水至 1000ml。

4) 按时测定悬液的密度及温度

(1) 搅拌悬液，直到土粒完全均布到整个悬液中为止，注意搅拌时勿使悬液溅出量筒外。

(2) 取出搅拌器，同时立即开动秒表，测定经过 1min、5min、30min、120min 和 1440min 的密度计读数，并测定其相应的悬液温度。根据实验情况或实际需要，可增加密度计读数的次数,或缩短最后一次读数的时间。

(3)每次读数时均应在预定时间前 10~20s 将密度计徐徐放入悬液中部,不得贴近筒壁,并使密度计竖直,还应在近似于悬液密度的刻度处放手,以免搅动悬液。

(4)密度计读数均以弯液面上缘为准。甲种密度计应准确至 1,估读至 0.1;乙种密度计应准确至 0.001,估读至 0.0001。每次读数完毕,立即取出密度计,放入盛有清水的量筒中。

(5)测定悬液温度,应准确至 0.5℃。

5)读数校正

根据密度计初读数 R_0,在所用密度计的弯液面刻度校正曲线上查得弯液面及刻度校正值 u、$\pm n$。根据悬液温度在表 1-3 中查得温度校正值 $\pm m$。校正后的读数应是 $R_{20}=R_0\pm n+u\pm m-c$。根据该数值来计算相应之土粒直径及累积质量百分含量。

6)求有效深度 H_r

(1)作 H_r-R 关系图:因每一个密度计制造时有差别,所以需对每一个密度计作 H_r-R 关系曲线。以 R 为横坐标,以 H_r 为纵坐标,选择几个 R 值,按式(1-5)计算相应的 H_r,绘制 H_r-R 关系图。

(2)根据校正后的密度计读数 R_{20},在 H_r-R 关系曲线图上求得相应的 H_r 值。

7)计算密度计浮泡中心平面上的最大粒径 d

根据土粒密度及悬液温度,由表 1-1 查得粒径计算系数 Λ,而后根据 Λ、H_r 及读数时间按式(1-3)计算粒径 d。

8)计算

按式(1-8)或式(1-9)计算粒径小于 d 的颗粒累积质量百分含量。

9)成果

将实验数据填写于记录表中,并绘制半对数坐标系累积曲线,求各粒组的质量百分含量,并定出土名。

4. 注意事项

(1)每次测得悬液密度后,均应将密度计轻轻放在盛水的量筒中。

(2)读数要迅速准确,不宜将密度计在悬液中放置时间过久。在正式实验前,必须多次练习密度计的准确读数方法。

(3)实验前,应将量筒放在固定平稳的地方,实验过程中不得移动,并保持悬液温度稳定。

5. 思考题

(1)为什么用密度计测定悬液密度的时间不必严格规定?

(2)悬液的温度在本实验中产生哪几个方面的影响?

(3)量筒直径的大小对实验结果的准确性会不会有影响?为什么?

三、虹吸比重瓶法测定黏性土的粒度成分

主题词:虹吸比重瓶法;颗粒成分;粒径;粒组;粒组质量百分含量;累积质量百分含量

1. 实验目的

测定小于某粒径的颗粒占土质量的百分数,以便了解土粒组成情况,并作为粉土、黏性土的分类方法之一,以供建筑选料之用。

2. 基本原理

大小不等的土粒在静水中沉降速度不同,若土粒的密度相等,悬液温度是恒定的,则可由斯托克斯(Stokes)公式通过土粒沉速算出土粒直径,即

$$V = Ad^2 \, (\text{cm/s})$$

$$A = \frac{(\rho_s - \rho_{wt})g}{1800\eta} = 常数$$

如果将大小不等的土粒均匀分布在悬液中[图 1-6(a)],假定悬液静置不动,经一定时间 t 后,d_1、d_2、d_3 大小不同的土粒,分别从液面下沉到深度为 h_1、h_2、h_3 处,在这些深度以上,不再有相应的直径为 d_1、d_2、d_3 的土粒了,在此瞬间,如在 h_2 深处厚为 Δh 之一小薄层内,直径小于和等于 d_2 的土粒含量却依旧没有变化[图 1-6(b)]。这样,就可以从这一小薄层中吸取一定体积的悬液,求出其中直径小于和等于 d_2 的土粒含量,从而计算出它在整个悬液中之含量。以此类推,可求得悬液中各种粒径土粒的累积质量百分含量。

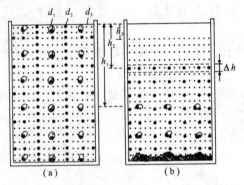

图 1-6 搅拌前后悬液中土粒分布示意图
(a)搅拌前;(b)搅拌后

本实验用三通虹吸管吸取一定体积的悬液,吸液深度分别为 5cm、3cm、2cm,根据斯托克斯(Stokes)公式计算出相应直径为 0.05mm、0.01mm、0.005mm 及 0.002mm 的土粒下沉到规定深度所需的时间。按计算出的时间吸取悬液灌满比重瓶,称量后将数据直接代入计算公式,即可求出各粒组的质量百分含量。

虹吸比重瓶法的仪器装置如图 1-7 所示。

应用比重瓶法求得土粒质量,从而计算各粒组质量百分含量的原理是:在某一温度下,灌满比重瓶的液体体积应为一定值(图 1-8)。

设

$$A = m + m_s + m_0' = m + m_s + v_w \rho_w$$

$$B = m + m_0 = m + v_0 \rho_w$$

式中:A——比重瓶灌满悬液后的质量,g;

B——比重瓶灌满蒸馏水后的质量,g;

m——比重瓶的质量,g;

m_0——比重瓶中水的质量,g;

v_0——比重瓶的体积,cm³;

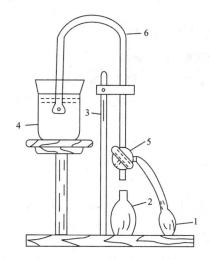

图 1-7 虹吸比重瓶法仪器装置示意图
1. 洗耳球；2. 比重瓶；3. 支架；4. 烧杯；5. 三通活栓；6. 三通虹吸管

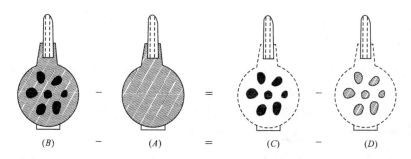

图 1-8 比重瓶原理示意图
(A)瓶＋水的质量；(B)瓶＋土＋水的质量；(C)土粒质量；(D)与土粒同体积的水之质量

ρ_w——水的密度，g/cm³；
m_s——土粒的质量，g；
m_0'——瓶内悬液中水的质量，g；
v_w——瓶内悬液中水的体积，cm³。

这样

$$B - A = m_s + v_w \rho_w - v_0 \rho_w = m_s + (v_0 - \frac{m_s}{\rho_s})\rho_w - v_0 \rho_w = m_s - \frac{m_s}{\rho_s}\rho_w$$

式中：ρ_s——土粒的密度，g/m³；

$\dfrac{m_s}{\rho_s}\rho_w$——与土粒同体积的水的质量，g，因而瓶中土粒的质量应为

$$m_s = \frac{\rho_s}{\rho_s - \rho_w}(B - A) \tag{1-11}$$

制备悬液时，先将试样中粒径大于 0.075mm 的土粒用洗筛分离出来，而后全部移入比重瓶中，再灌满蒸馏水，称得质量 B_0。

设式(1-12)可求得试样中粒径大于 0.075mm 的土粒的质量

$$m_{s0} = \frac{\rho_s}{\rho_s - \rho_w}(B_0 - A_0) \tag{1-12}$$

式中：A_0——相应于 B_0 同温度的瓶、水质量，g。

试样中粒径小于 0.075mm 的土粒全部制成体积为 V 的悬液。在搅拌的同时，将悬液灌满体积为 v_0 的比重瓶，称得质量为 A_1。根据式(1-13)可求得试样中粒径小于 0.075mm 的土粒质量

$$m_{s1} = \frac{\rho_s}{\rho_s - \rho_w}(B_1 - A_1)\frac{V}{v_0} \tag{1-13}$$

式中：A_1——相应于 B_1 同温度的瓶、水质量，g。

试样全部土粒的质量应是式(1-12)与式(1-13)之和，即

$$m_s = \frac{\rho_s}{\rho_s - \rho_w}\left[(B_0 - A_0) + (B_1 - A_1)\frac{V}{v_0}\right] \tag{1-14}$$

根据式(1-12)及式(1-14)可得粒径大于 0.075mm 的土粒的质量百分含量

$$X = \frac{m_{s0}}{m_s} \times 100\% = K_1(B_0 - A_0)\% \tag{1-15}$$

式中：$K_1 = \dfrac{100}{(B_0 - A_0) + (B_1 - A_1)\dfrac{V}{v_0}}$

根据式(1-13)及式(1-14)可得粒径小于 0.075mm 的土粒的质量百分含量。搅拌悬液后，根据悬液的温度，按规定的静置时间及吸液深度吸取含有粒径小于 0.05mm、0.01mm、0.005mm、0.002mm 土粒的悬液灌满比重瓶，相应称得各自质量为 B_2、B_3、B_4、B_5，同理可求出上述各粒径的累积质量百分含量 X_d，它们的通式是

$$X_d = K_2(B_i - A_i)\% \tag{1-16}$$

式中：$K_2 = \dfrac{100}{(B_0 - A_0) + (B_1 - A_1)\dfrac{V}{v_0}}\dfrac{V}{v_0} = K_1\dfrac{V}{v_0}$

下标 i 等于 1、2、3、4、5，即相应于上述五个粒径。某一粒组的质量百分含量(X)按下式计算

$$X = K_2[(B_i - A_i) - (B_{i+1} - A_{i+1})]\% \tag{1-17}$$

若实验过程中悬液的温度不变，而又用同一个比重瓶测定 B 和 A，则 $A_1 = A_2 = \cdots = A_i$，因此可按式(1-17)直接计算各个粒组（即 0.075~0.05mm，0.05~0.01mm，0.01~0.005mm，0.005~0.002mm)的质量百分含量。

$$X = K_2(B_i - A_{i+1})\% \tag{1-18}$$

本实验方法适用于粒径小于 0.075mm 的土粒。

3. 仪器设备

(1)三通虹吸管(图 1-9)及支架。

(2)烧杯：容量 1000ml，在 1000ml 处标有刻度。

(3)比重瓶：容量 50ml。

(4)0.075mm 洗筛。

(5)大瓷皿：容量 1000ml。

(6)漏斗:上口直径略大于洗筛直径,下口直径略小于量筒直径。

(7)天平:称量200g,感量0.001g。

(8)搅拌器:直径略小于烧杯内径。

(9)密度为 1.023g/cm³ 的硅酸钠溶液或六偏磷酸钠(浓度40%)。

(10)锥形瓶:容积500ml。

(11)研钵及橡皮头研棒。

(12)秒表。

(13)温度计:测定范围为 0～50℃,最小刻度单位为 0.5℃。

(14)电炉。

4. 操作步骤

1)取样

(1)取有代表性的风干土样(约200g),放入研钵中,用橡皮头研棒研散(也可用小型土样粉碎机)。

(2)当试样中易溶盐含量大于 0.5%时,应洗盐。

2)制备悬液,采用半分散法

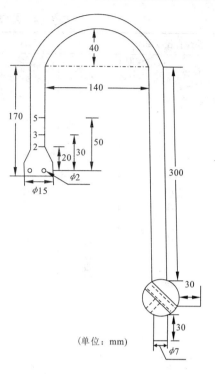

图 1-9 三通虹吸管示意图

(1)将土样拌和均匀,称取试样 30g 倒入锥形瓶,注入纯水 200ml,浸泡过夜,控制悬液浓度在 1%～3%之间。或者将称好的试样放入小瓷皿中,加蒸馏水少许,用橡皮头研棒研磨,把土中小结块研开,然后把全部土样倒入锥形瓶中,注入约 200ml 的蒸馏水。

(2)锥形瓶稍加摇晃后,放在电炉上煮沸。煮沸时间从沸腾时开始,一般煮沸 40min 左右,粉土可煮沸半小时左右。

(3)将已煮沸的悬液冷却后,全部倒入蒸发皿内,静置约 30s,将上部悬液过 0.075mm 洗筛入烧杯中。加水少许于皿底沉淀物上,用橡皮头研棒或手指细心研散结块,研磨后静置约 30s,再将上部悬液过筛入烧杯。如此反复操作,直至残存于瓷皿中的土粒经研磨后不再使水沉浊为止。

(4)将皿中剩余土粒全部倒在 0.075mm 筛上冲洗,直至筛上仅留粒径大于 0.075mm 的颗粒为止。每次加蒸馏水于蒸发皿中,数量要少,研磨要细致,以免制备的悬液超过 100ml。

(5)加水入烧杯中,使悬液达 1000ml 刻度处。

3)测定粒径大于 0.075mm 土粒的质量

将留于 0.075mm 筛上的土粒全部移入比重瓶中,加满水后盖好瓶塞,使多余水分自瓶塞毛细管中溢出。将瓶外水分擦干,称量得 B_0,准确至 0.001g。当粒径大于 0.075mm 的土粒含量大于 10%时,这部分土粒应进行烘干、筛析。

4)测定粒径小于 0.075mm 各粒径土粒的质量

(1)用搅拌器充分搅拌悬液,直至杯底无沉淀,悬液内土粒均匀分布时,即开始边搅拌边用三通虹吸管吸取悬液,灌满比重瓶,盖塞,擦干瓶外水分后称量得 B_1,准确至 0.001g。

(2)测定悬液温度,按表 1-4 确定吸液的时间和深度。

表1-4　悬液静置时间表(设土的比重＝2.70)

颗粒直径(mm) 吸液深度(cm) 静置时间 悬液温度(℃)	<0.075 任意	<0.05 5		<0.01 5		<0.005 3		<0.002 2	
		(s)	(min)	(s)	(min)	(s)	(min)	(h)	(min)
5	边搅拌边吸取	33	13	38	32	43		2	16
6		32	13	15	31	38		2	12
8		30	12	28	29	55		2	05
10		28	11	47	28	16		1	58
12		27	11	09	26	46		1	52
14		25	10	35	25	24		1	46
16		24	10	03	24	07		1	40
18		23	9	34	22	56		1	36
20		22	9	04	21	45		1	31
22		21	8	39	20	46		1	27
24		20	8	17	19	53		1	23
26		19	7	53	18	56		1	19
28		18	7	34	18	10		1	16
30		17	7	13	17	20		1	12
32		16.5	6	53	16	30		1	09
34		16	6	35	15	50		1	06

(3)又一次充分搅拌悬液,在停止搅拌的同时,开始用秒表计时,准备吸液。

(4)根据悬液温度,按表1-4中规定的时间和深度,用三通虹吸管吸取悬液,灌满比重瓶后盖塞,擦干比重瓶外部水分,称得 B_2 ,从开始吸液至灌满比重瓶必须在10s内完成。

(5)再一次搅拌悬液重新计时,吸取以下各次悬液,方法同上条规定,分别称量得 B_3、B_4、B_5,准确至0.001g。

也可在完成步骤(4)后,不再搅拌悬液,顺次吸液称量。

5)三通活栓使用方法

(1)准备吸液:①将三通活栓调至图1-10(a)的位置,压扁洗耳球;②再将三通活栓顺时针旋至图1-10(b)的位置,此时洗耳球平均水平处于压扁状态;③按表1-4规定的深度,在吸液前15s将三通虹吸管的进液端放入悬液内,并使它在烧杯的中心部分,而且必须竖直。

(2)吸取悬液:①当悬液已静置到表1-4中规定的吸液时间,将三通活栓顺时针旋至图1-10(c)的位置,悬液进入三通虹吸管。②当悬液经三通虹吸管的最高处,并降落到低于杯中液面时,立即将三通活栓逆时针旋至图1-10(b)的位置,此时悬液流出灌满比重瓶。

(3)吸液完毕:①比重瓶灌满以后,应速将三通活栓再逆时针旋至图1-10(a)的位置;②从悬液中取出三通虹吸管,用清水冲洗。

6)测质量

测定与悬液温度一致的瓶加水的总质量 A_0。

7)计算及误差要求

按式(1-15)计算粒径大于0.075mm土粒的质量百分含量。按式(1-16)计算粒径小于

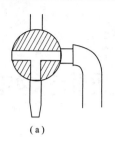 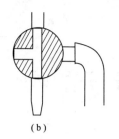 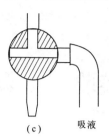

图 1-10　三通活栓位置示意图
(a)压扁洗耳球吸气；(b)压扁状态；(c)吸液

0.075mm 各土粒的质量百分含量,从而计算各粒组的质量百分含量。粒径大于 0.075mm 的土粒与小于 0.075mm 的土粒质量百分含量之和应等于 100%。允许偶然误差为 ±0.2%。

8)记录实验数据

将实验数据记录于记录表格之中,作半对数坐标系累积质量百分含量曲线,并按粒度成分定出土的名称。

5. 注意事项

(1)在吸取悬液前,熟练掌握三通虹吸管的吸液操作方法,以缩短吸液时间。

(2)实验时不得移动烧杯,悬液应远离热源,保持其温度恒定。

(3)必须按规定时间及吸液深度将三通虹吸管放入悬液内,悬液在沉降过程中,不得将三通虹吸管置于其中。

(4)实验时,若始终使用同一个比重瓶,计算时会方便得多,且 $B_1 > B_2 > B_3 > B_4 > B_5 > A_0$。

6. 思考题

(1)为什么每次吸液后不再加水于烧杯中使悬液保持 1000ml？

(2)为什么每次吸液均由大粒径至小粒径？先吸小的后吸大的可以吗？为什么？

(3)根据斯托克斯(Stokes)公式推导出表 1-4。

实验二 测定土的物理性质指标实验

土粒的密度是指干土质量与排开同体积水的比值,是土的三项实测物理指标之一,其单位为 g/cm^3,其值大小主要取决于土中的矿物成分和土的塑性特征。

土的密度是指土的单位体积质量,也是土的三项实测物理指标之一,其单位为 g/cm^3。土的密度反映了土体结构的松紧程度,是计算土的自重应力、干密度、孔隙比、孔隙度等指标的重要依据,也是挡土墙压力计算、土坡稳定性验算、地基承载力和沉降量估算以及路基路面施工填土压实度控制的重要指标之一。

含水率是土的基本物理性质指标,也是实测物理指标,反映了土的干、湿状态。含水率的变化将使土的物理力学性质发生一系列变化。它可使土变成半固态、可塑状态或流动状态,可使土变成稍湿状态、很湿状态或饱和状态,也可造成土在压缩性和稳定性上的差异。含水率还是计算土的干密度、孔隙比、饱和度、液性指数等不可缺少的依据,也是建筑物地基、路堤、土坝等施工质量控制的重要指标。

天然含水率是指在实验温度为 105~110℃ 恒温 8h 后,土中失去的水分与其干土质量的百分比,其单位是用百分数表示(%)。

一、比重瓶法测定土粒的密度

主题词:比重瓶法;土粒的密度

1. 基本原理

土粒的密度是指土的固体部分单位体积的质量。土的固体部分质量可用精密天平测得。相应的,土粒的体积,一般应用测量排除与土粒同体积的液体体积的方法测得,通常用比重瓶法测定土粒的体积。此法适用于粒径小于 5mm 或者含有少量 5mm 颗粒的土。粒径大于 5mm 的土,则用虹吸筒法。该方法的原理是将土颗粒放入盛有一定水位的虹吸筒中,排开的水量即为试样的体积。对于砂土,可用大型的李氏比重瓶法,其原理与虹吸筒法相似。

在用比重瓶法测定土粒体积时,必须注意所排除的液体体积确能代表固体颗粒的真实体积。土中含有气体,实验时必须把它排尽,否则会影响测试精度。可用煮沸法或抽气法排除土内气体。所用的液体一般为蒸馏水,若土中含有大量的可溶盐类、有机质、胶粒,则可用中性液体,如煤油、汽油、甲苯和二甲苯,此时必须用抽气法排气。

2. 仪器设备

(1)比重瓶:容量为 100ml 或 50ml,有毛细式与长颈式两种(图 2-1);
(2)分析天平:感量为 0.001g,称量为 200g;
(3)砂浴(或可调电加热器);
(4)真空抽气设备(图 2-2);

第一部分　土的室内实验

(5)恒温水槽；

(6)温度计：测定范围为0～50℃，精确至0.5℃；

(7)其他：烘箱、蒸馏水、中性液体、小漏斗、干毛巾、小洗瓶、研钵及研棒、孔径为2mm的筛等。

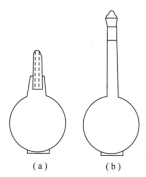

图2-1　比重瓶

(a)毛细式比重瓶；(b)长颈式比重瓶

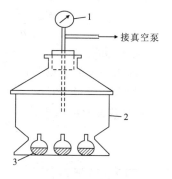

图2-2　真空抽气缸

1. 真空压力表；2. 真空缸；3. 比重瓶

3. 操作步骤

1)土样的制备

取有代表性的风干土样约100g，充分研散，并全部过2mm的筛。将过筛风干土及洗净的比重瓶在100～105℃下烘干；取出后置于干燥器内，冷却至室温称量后备用。

2)测定干土的质量

称烘干土15g，通过漏斗倾入已知质量的烘干比重瓶中，然后在分析天平上称得瓶加土的质量，减去瓶的质量即得土粒质量 m_s。

3)煮沸(或抽气)排气

(1)煮沸排气：注蒸馏水于盛有土样的比重瓶中至半满；轻摇比重瓶，使土粒分散；将瓶置于砂浴上煮沸，由开始沸腾时算起，若为砂土及亚砂土，煮沸时间应不少于30min，黏土及亚黏土应不少于1h，以排除气体。

(2)抽气排气：将盛有土样及半满蒸馏水的比重瓶放在真空抽气缸内，如图2-2所示；接上真空泵，真空度应接近一个大气压，直至摇动时无气泡逸出为止，抽气时间一般为1～2h。

4)测定瓶加水加土的质量

(1)若用煮沸排气法，煮沸后，取出比重瓶冷却至室温，注蒸馏水于比重瓶中(毛细式，注至近满加盖；长颈式，则注至近刻度处)。然后将比重瓶置于恒温水槽内，待温度稳定和瓶内土上部悬液澄清后，取出比重瓶。

(2)若为毛细式比重瓶，应注蒸馏水至瓶口，塞上瓶塞，使多余的水自毛细管中溢出。瓶塞塞好后，瓶内不应留有空气；如有，应再加水重新塞好。将瓶外水分擦干后称量，得瓶、水和土的质量 m_1；称完后，立即测定瓶内悬液的温度。若为长颈式比重瓶，应加蒸馏水于刻度处，擦干瓶外水分称量。

5)测定瓶加水的质量

倒掉瓶中悬液，洗净比重瓶，灌满蒸馏水加盖，恒温约15min，使瓶内蒸馏水温度与悬液的温度一致。检查瓶内有无气泡;若有,需排除之。然后,擦干瓶外水分称量,得瓶加水的质量m_2。

6) 计算

按下式计算土粒的密度,准确至 0.01g/cm^3。

$$\rho_s = \frac{m_s}{m_1 + m_s - m_2}\rho_{w_t} \tag{2-1}$$

式中:m_s——土粒的质量,g;

m_1——瓶加水加土的质量,g;

m_2——瓶加水的质量,g;

ρ_{w_t}——t℃时蒸馏水的密度,g/m³,可由表 2-1 查得。

表 2-1 不同温度时水的密度

水温(℃)	4.0~12.5	12.5~19.0	19.0~23.5	23.5~27.5	27.5~30.5	30.5~33.0
水的密度(g·cm⁻³)	1.000	0.999	0.998	0.997	0.996	0.995

7) 平行测定

本实验须进行两次平行测定,取其结果的算术平均值,其平行差值不得大于 0.02g/cm^3。

4. 注意事项

(1) 煮沸(或抽气)排气时,必须防止悬液溅出瓶外,火力要小,并防止煮干;必须将土中气体排尽,否则影响实验结果。

(2) 必须使瓶中悬液与蒸馏水的温度一致。

(3) 称量必须准确,测定 m_1 及 m_2 时,必须将比重瓶外水分擦干。

(4) 若用长颈式比重瓶,液体灌满比重瓶时,液面位置前后必须一致,以弯液面下缘为准。

5. 思考题

(1) 土中空气如不排除,所得土粒密度偏大,为什么?

(2) 在测定黏粒含量多的土粒密度时,用蒸馏水测得的结果是偏大还是偏小?为什么?

二、环刀法和蜡封法测定土的密度

主题词:环刀法;蜡封法;土的密度

土的密度是指土的单位体积的质量。用天然状态原状土样测得的密度,称天然密度。一般常用环刀法或蜡封法测定黏性土的密度,两者的主要区别在于测定土的体积的方法不同。环刀法适用于较均一、可塑的黏性土。蜡封法适用于土中含有粗粒,或者坚硬易碎、难以用环刀切割的土,或者试样量少,只有小块、形状不规则的土样。对于饱和松散土、淤泥、饱和软黏土、不易取出原状样的土,可采用放射性同位素在现场测定其天然密度。砂土、砾石土,可在现场挖坑用灌砂法测定。

(一) 环刀法

1. 基本原理

环刀法是用已知质量及容积的环刀,切取土样,使土样的体积与环刀容积一致,这样环刀的容积即为土的体积;称量后,减去环刀的质量就得到土的质量。然后计算得出土的密度。

2. 仪器设备

(1)环刀:内径为 6~8cm,高为 2cm;

(2)天平:感量为 0.1g;

(3)测径卡尺;

(4)其他:切土刀、钢丝锯、凡士林及玻璃板等。

3. 操作步骤

1)测定环刀的质量及容积

用测径卡尺测量环刀的内径,计算得环刀的容积;然后,将环刀置于天平上称得环刀质量 m_1。

2)切取土样

在环刀内壁上涂以薄层凡士林,将环刀刃口向下放在土样表面上,用修土刀把土样削成略大于环刀的土柱,然后垂直向下轻压环刀,边压边削,至土样高出环刀为止。先削平环刀上端的余土,使土面与环刀边缘齐平,再置于玻璃板上;然后削环刀刃口一端的余土,使土面与环刀刃口齐平。若两面的土有少量剥落,可用切下的碎土轻轻补上。

3)测定环刀和土样质量之和

擦净环刀外壁,称量环刀和土样的质量之和 m_2,准确至 0.1g。

4)计算土的密度

$$\rho = \frac{m_2 - m_1}{V} \qquad (2-2)$$

式中:ρ——土的密度,g/cm³;

m_2——环刀与土样质量之和,g;

m_1——环刀的质量,g;

V——土的体积,cm³。

计算准确至 0.01g/cm³。

5)平行测定

本实验须进行两次平行测定,取其结果的算术平均值,其平行差值不得大于 0.03g/cm³。

4. 注意事项

(1)用环刀切取土样时,必须严格按实验步骤操作,不得急于求成,用力过猛或图省事不削成土柱,这易使土样开裂扰动,结果事倍功半。

(2)环刀修平两端余土时,不得在试样表面往返压抹。对于较软的土,宜先用钢丝锯将土样锯成几段,然后用环刀切取。

(二)蜡封法

1. 基本原理

蜡封法是将已知质量的土块浸入融化的石蜡中,使试样有一层蜡的外壳,保持其完整外形,通过分别称得带有蜡壳的土样在空气中和在水中的质量,根据阿基米德原理,计算出试样体积,便可以求得土的密度。

2. 仪器设备

(1) 石蜡及融蜡设备(电炉和锅);

(2) 天平:感量为 0.01g;

(3) 其他:切土刀、烧杯、细线、温度计和针等。

3. 操作步骤

1) 切取土样

切取体积约 30cm³ 的土样,削去松浮表土和尖锐棱角,使它成为较整齐的形状;系上细线,置于天平上称得试样的质量 m。

2) 封蜡

持线将试样徐徐浸入刚过融点(温度为 50~70℃)的蜡中,待全部浸没后即将试样提出,重复 2~3 次,使试样表面覆以一薄层蜡膜。注意检查蜡膜中有无气泡,若有,用烧热的针刺破,再用蜡涂平孔口。

3) 测定试样体积

(1) 将封蜡试样放在天平上称量,得该试样的质量 m_1。

(2) 用细线将试样吊在天平的一端,并浸没于盛蒸馏水的烧杯中(图 2-3),称它在水中的质量 m'。

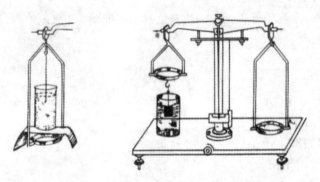

图 2-3 称封蜡试样在水中的质量

将试样从水中取出,擦干蜡封薄膜表面水分,置于天平上称量,检查是否有水进入土样中。若此时试样质量大于浸水前的封蜡试样质量,并超过 0.03g,则实验应重做。

4) 计算土的密度

(1) 计算试样的体积

$$V = V_1 - V_2 \tag{2-3}$$

式中:V——试样体积,cm³;

V_1——封蜡试样体积,$V_1 = \dfrac{m_1 - m'}{\tau_w}$,cm³(其中:$m'$——封蜡试样在水中的质量,g;

m_1——封蜡试样的质量,g);

V_2——蜡膜体积,$V_2 = \dfrac{m_1 - m}{\tau_n}$,cm³(其中,$m$——试样质量,g)。

(2)计算土的密度

$$\rho = \frac{m}{\dfrac{m_1-m'}{\rho_w} - \dfrac{m_1-m}{\rho_n}} = \frac{m}{V_1 - V_2} \qquad (2-4)$$

式中：ρ_w——水的密度，g/cm³；

ρ_n——石蜡的密度，常采用 0.92g/cm³；

其他符号意义同上。

5)平行测定

本实验须做两次平行测定，取其结果的算术平均值，其平行差值不得大于 0.03g/cm³。

4. 注意事项

(1)在封蜡时，应将土样徐徐浸入蜡中，并立即提上，以免蜡膜产生气泡，并防止土样扰动。

(2)称封蜡土样时，应在另一砝码盘中放入一条与绑土样长度相等的细线，以平衡线的重量。

(3)称封蜡土样在水中的质量时，应注意勿使封蜡试样与烧杯壁接触，同时应排除附在它周围的气泡。

5. 思考题

(1)什么情况下用环刀法测定土的密度？什么情况下用蜡封法？

(2)在环刀法中影响实验准确性的因素有哪些？

(3)为什么在土样封蜡时，要使石蜡刚过融点，不能过高，也不能过低？

三、烘干法测定土的含水率

主题词：烘干法；含水率

1. 基本原理

含水率是指土中水分质量与干土质量的比值。湿土在温度为 105～110℃ 的长时间烘烤下，土中水分完全被蒸发，土样减轻的质量与完全干燥后土样的质量之比值，即为湿土的含水率，以百分数(%)表示。

2. 仪器设备

(1)铝盒 2 个；

(2)天平：感量为 0.01g；

(3)烘箱；

(4)干燥器。

3. 操作步骤

1)测湿土的质量

先称得铝盒的质量 m_0。后选取代表性的土样约 15g，放入铝盒内，盖紧盒盖，称铝盒加湿土的质量 m_1。

2)烘干土样

打开盒盖，将盛有土样的铝盒放入烘箱，在温度 100～105℃ 下烘 6h 以上至恒重。

3)测干土的质量

自烘箱中取出铝盒盖上盒盖,立即放入干燥器中,冷却后称盒加干土的质量 m_2,减去铝盒质量 m_0,即得干土的质量。

4)按下式计算含水率

$$w = \frac{m_1 - m_2}{m_2 - m_0} \times 100\% \qquad (2-5)$$

式中:w——土的含水率,%;

m_1——铝盒加湿土的质量,g;

m_2——铝盒加干土的质量,g;

m_0——铝盒的质量,g。

计算准确至 0.1%。

5)平行测定

每一土样须做两次平行测定,取其结果的算术平均值。允许平行误差值如下:

含水率	允许平行误差值
<10%	0.5%
10%~40%	1.0%
>40%	2.0%

4. 注意事项

(1)打开土样后,应立即取样称湿土质量,以免水分蒸发。

(2)土样必须按要求烘至恒重,否则影响测试精度。

(3)烘干的试样应冷却后称量,防止热土吸收空气中的水分,并避免天平受热不均影响称量精度。

5. 思考题

(1)根据实验室测定的土粒的密度、土的密度、含水率,如何计算干密度、孔隙比、饱和度?

(2)干密度能够实测吗?

实验三　测定黏性土的液限和塑限

黏性土的状态,随着含水率的变化而变化。当含水率不同时,黏性土可分别处于固态、半固态、可塑状态及流动状态。黏性土从一种状态转到另一种状态的分界含水率,称为界限含水率。土从流动状态转到可塑状态的界限含水率,称为液限;土从可塑状态转到半固体状态的界限含水率,称为塑限;土由半固体状态不断蒸发水分,则体积逐渐缩小,直到体积不再缩小时的界限含水率,称为缩限。土的塑性指数是指液限与塑限的差值。由于塑性指数在一定程度上综合反映了影响黏性土特征的各种重要因素,因此,黏性土常按塑性指数进行分类。界限含水率实验要求土的颗粒粒径小于 0.5mm,有机质含量不超过 5%,且宜采用天然含水率试样,但也可采用风干试样,当试样含有粒径大于 0.5mm 的土粒或杂质时,应过 0.5mm 的筛。

测定土的液限有锥式液限仪法,测定土的塑限有搓条法和液塑限联合测定法。

一、锥式液限仪法测定黏性土的液限

主题词:锥式液限仪法;液限

1. 仪器设备

(1)铝盒、调土杯及调土刀;

(2)锥式液限仪(图 3-1);

(3)天平:感量为 0.01g;

(4)筛:孔径为 0.5mm;

(5)研钵和橡皮头研棒;

(6)烘箱;

(7)干燥器。

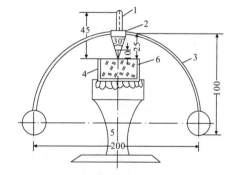

图 3-1　锥式液限仪(单位:mm)
1.锥体手柄;2.锥体;3.平衡杆;
4.试杯;5.支架;6.试样

2. 操作步骤

1)制备土样

取天然含水率的土样 50g 捏碎过筛;若天然土样已风干,则取样 80g 研碎,并过 0.5mm 筛。加蒸馏水调成糊状,盖上湿布或置保湿器内 12h 以上,使水分均匀分布。

2)装土样于调土杯中

将制备好的土样再仔细拌匀一次,然后分层装入试杯中;用手轻拍试杯,使杯中空气逸出;待土样填满后,用调土刀抹平土面,使之与杯缘齐平。

3)放锥

(1)在平衡锥尖部分涂上一薄层凡士林,以拇指和食指执锥柄,使锥尖与试样面接触,并保持锥体垂直,轻轻松开手指,使锥体在其自重作用下沉入土中。注意,放锥时要平稳,避免产生冲击力。

(2)放锥15s后,观察锥体沉入土中的深度,以土样表面与锥接触处为准。若恰为10mm(锥上有刻度标志),则认为这时的含水率就为液限;若锥体入土深度大于或小于10mm,表示试样含水率大于或小于液限,此时,应挖去沾有凡士林的土,取出全部试样放在调土杯中,使水分蒸发或加蒸馏水重新调匀,直至锥体下沉深度恰为10mm时为止。

有些圆锥还刻有17mm的标志,若锥体下沉深度恰为17mm,此时的含水率即为17mm液限(等效碟式液限)。

4)测液限含水率

将所测得的合格试样,挖去沾有凡士林的部分,取锥体附近试样少许(15~20g)放入铝盒中测定其含水率,此含水率即为液限。

5)平行测定

本实验须做两次平行测定,计算准确至0.1%,取其结果的算术平均值;两次实验的平行差值不得大于2%。

3.注意事项

(1)若调制的土样含水率过大,则只可在空气中晾干或用吹风机吹干,也可用调土刀搅拌或用手搓捏散发水量,切不能加干土或用电炉烘烤。

(2)放锥时要平稳,避免产生冲击力。

(3)从调土杯中取出土样时,须将沾有凡士林的土弃掉,方能重新调制或取样测含水率。

4.思考题

(1)为何不能随意将平衡锥放入土中?

(2)放锥后土面会发生什么样的变化?

二、搓条法测定黏性土的塑限

主题词:搓条法;塑限

1.仪器设备

(1)铝盒、调土刀、调土杯、滴瓶;

(2)研钵及橡皮头研棒;

(3)天平:感量为0.01g;

(4)烘箱、干燥器、电热吹风机;

(5)筛:孔径为0.5mm;

(6)毛玻璃板:约300mm×200mm。

2.操作步骤

1)制备土样

按液限实验制备试样,但加的水分要少,使土团不沾手。

2)搓条

取一小块试样在手中揉捏至不沾手,用手指捏成椭球形,置于毛玻璃板上,用手掌轻轻搓滚;手掌用力要均匀,土条长度不能超过手掌宽度,土条不能出现空心现象;当土条被搓至直径为3mm,且产生裂纹并开始断裂时,此时含水率恰为塑限。若土条被搓至3mm仍未产生裂纹,表示该试样含水率高于塑限,应将土条重新揉捏,再搓滚之。若土条直径大于3mm就断裂,表示其水率低于塑限,应弃去,重新取土揉捏搓滚,直至达到标准为止。每搓好一合格土条后,应立即将它放在铝盒里,盖上盒盖,避免水分蒸发,直到土条重达3~5g为止。

3)测塑限含水率

将放在铝盒中的土条称重,烘干后再称干土的质量,计算含水率。

4)平行测定

本实验须做两次平行测定,取其结果的算术平均值,计算准确至0.1%;两次结果的差值,黏土、亚黏土不得大于2%,亚砂土不得大于1%。

5)成果

用测得的液限与塑限值计算塑性指数,并按塑性指数分类定出土名。应用测得的液限、塑限、天然含水率计算液性指数,并评价土所处的稠度状态。

3. 注意事项

(1)搓滚土条时,必须用力均匀,以手掌轻压,不得作无压滚动,应防止土条产生中空现象,搓滚前土团必须经过充分的揉捏。

(2)土条须在数处同时产生裂纹始达塑限,如仅有一条裂纹,可能是用力不均所致;产生的裂纹必须呈螺纹状。

三、联合测定仪法测定黏性土的液限和塑限

主题词:联合测定仪法;液限;塑限

联合测定仪(图3-2),主要操作步骤如下。

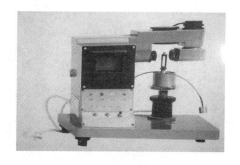

图3-2 光电式圆锥液塑限联合测定仪

1)制备土样

按液限实验制备土样的要求,取代表性土样约300g,分别放在三个调土皿中,加蒸馏水调制成三种不同含水率的土膏,并盖上湿布,静置12h以上。三种不同含水率分别控制圆锥入土深度在17mm、10mm、3mm附近。

2)装土入杯

将任一含水率的调土皿中的土膏用调土刀充分搅拌均匀、密实后,填入调土杯中,填满后刮平表面;将杯放在联合测定仪的升降杯座上。

3) 放锥入土

在圆锥上抹一薄层凡士林,接通电源,使电磁铁吸住圆锥;调整升降座,使圆锥尖接触试样面;调节读数零点,关断电源,使圆锥失磁而自重下沉土中;约 5s 后,测读圆锥入土深度。

4) 测含水率

取下调土杯,取部分试样测定含水率。重复以上步骤,再测定另两个试样的圆锥入土深度及含水率。

5) 绘制曲线

以含水率为横坐标,以圆锥入土深度为纵坐标,在双对数坐标纸上绘制关系曲线,三点应在一直线上。当三点不在一直线上时,将高含水率的点与其余两点连成直线,并在入土深度为 2mm 处查得相应的两个含水率;当两个含水率差值小于 2% 时,应将该两点含水率的平均值与高含水率的点连成一直线,作为关系直线,否则,应对低含水率的点重做。

6) 确定液、塑限

在关系直线上查得入土深度为 17mm 所对应的含水率即为 17mm 液限(等效碟式仪液限),入土深度为 10mm 所对应的含水率为 10mm 液限,入土深度为 2mm 所对应的含水率为塑限,取值至整数。

实验四 土的压缩性质实验

土的压缩性是指土在压力作用下体积缩小的性能。在工程中所遇到的压力(通常在 $16kg/cm^2$ 以内)作用下,土的压缩可以认为只是由于土中孔隙体积的缩小所致(此时孔隙中的水或气体将被部分排出),至于土粒与水两者本身的压缩性则极微小,可不考虑。

土的压缩性质是土的重要力学性质之一。利用三联高压固结仪,可测定土在不同实验条件下的各种压缩性指标,如压缩系数、压缩模量、压缩指数、固结系数、回弹指数、回弹模量、前期固结压力等。

压缩实验的稳定标准有 24h 法、小于 0.005mm 法和 1h 快速压缩法三种。

一、杠杆式固结仪求参(低压)

主题词:固结;压缩系数;压缩模量;压缩指数;固结系数;回弹指数;回弹模量;前期固结压力;超固结比

1. 基本原理

土的压缩性是指土在压应力作用下发生压缩变形,体积被压缩变小的性能。饱和土在压应力作用下,由于孔隙水的不断排出而引起的压缩过程称为渗透固结。因此,饱和土的压缩实验亦称固结实验。固结实验是将土样放在金属容器内,在有侧限条件下施加压力,观察土在不同压力下的压缩变形量,以测定土的压缩系数、压缩模量、压缩指数、固结系数、前期固结压力等有关压缩性指标,作为工程设计计算的依据。

单轴固结有杠杆式和磅秤式两种。杠杆式固结仪是用砝码通过杠杆加压,压力仅为 0.4~0.6MPa,基本上能满足一般工程要求,且数台仪器可装在一个实验台架上,占地面积小,便于管理,目前被广泛采用。磅秤式固结仪是通过带有加压框架的磅秤施加压力,仪器压力可达 5MPa,适用于较大工程,可以用来测定压缩指数和前期固结压力、固结系数等指标(见高压固结实验)。

固结实验中,后一级压力的施加均是在前一级荷重下压缩至稳定后施加的。按稳定标准的不同,通常将固结实验分为两类:

(1)稳定压缩:每级压力下持续 24h 为压缩稳定标准;测记试样高度变化后,即可施加下级压力。这是各类规范的常规标准。对某些渗透系数大于 10^{-5}cm/s 的黏性土,允许以 1h 内试样变形量不大于 0.005mm 作为相对稳定标准,结果能够满足工程要求。

(2)快速压缩:在各级压力下,压缩时间规定为 1h,仅在最后一级压力下,除测记 1h 变形量外,还测读到稳定标准(24h)时的变形量。在整理资料时,根据最后一级变形量,校正前几级压力下的变形量。当实验要求精度不高时,可采用快速压缩法。

2. 仪器设备

(1)杠杆式固结仪(图 4-1):包括加压及测压装置、压缩容器(图 4-2)和测微表;

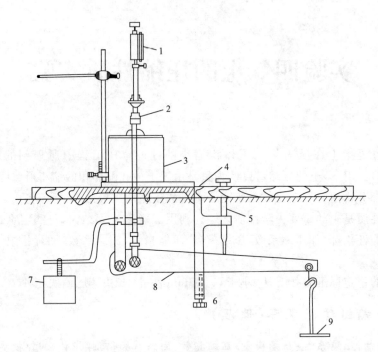

图 4-1 杠杆式固结仪装置示意图

1.测微表;2.上部横梁;3.压缩容器;4.水平台;5.上部固定螺丝;6.下部固定螺丝;7.平衡锤;8.杠杆;9.砝码盘

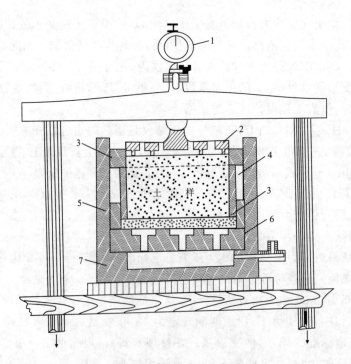

图 4-2 压缩容器示意图

1.测微表;2.加压盖;3.固定环;4.环刀;5.透水石;6.透水底板;7.容器外壳

(2)测含水率和密度所需的设备；

(3)其他:滤纸、钟表等。

3. 操作步骤

1)试样制备

按工程要求取原状土或制备所需状态的扰动土样,按测定土的密度的方法用环刀切取土样,测定土的密度,同时取土,测定土的含水率和土粒的密度。

2)安装环刀

将装有土样的环刀外壁涂上凡士林后,刃口向下套上护环,按图4-2安装容器。首先将底板放在容器内,底板上顺次放洁净湿润的透水石和滤纸,用提环螺丝将护环(内有环刀及试样)放到容器内,然后再在试样顶上顺次放入洁净润湿的滤纸和透水石,最后放上加压导环和传压活塞。

3)检查设备

检查加压设备是否灵敏,调整平衡锤使杠杆水平,然后用下部支撑螺丝顶住。

4)安置容器

将装好试样的压缩容器放到水平台固定位置,再将上部加压框架放上,安置测微表。

5)施加预压

为保证试样与仪器上下各部件之间接触良好,应施加1kPa的预压荷重。调整测微表读数至零点。

6)加压观测

(1)加第一级荷重,其大小视土的软硬程度分别采用0.0125MPa、0.025MPa和0.05MPa,同时记录加荷时间;在实验过程中,应始终保持加荷杠杆水平,加压时将砝码轻放在砝码盘上。

(2)如系饱和试样,则在施加第一级荷重后,立即向容器中注水至满;如系非饱和试样,须以湿纱布围住上下透水石四周,避免水分蒸发。

(3)加荷后每隔1h读测微表一次,以压缩满24h为标准,若每小时变形量不大于0.005mm时即认为变形稳定。测记读数后,施加下一级荷重。依次逐级加荷,至实验终止。

(4)荷重级增量不宜过大,视土的软硬程度及工程情况而定,一般顺序为0.025MPa、0.05MPa、0.1MPa、0.2MPa、0.3MPa,若按设计要求,模拟实际加荷情况而适当调整。最后一级荷重应大于土层计算压力的0.1~0.2MPa。

(5)快速法,在每小时观察测微表读数后即下一级荷重。但最后一级荷重,应观察到压缩稳定时为止(24h)。

如需做卸荷膨胀实验,可于最后一级荷重下变形稳定后卸荷;每次卸去两级荷重,直至卸完为止。每次卸荷后的膨胀变形稳定标准与加荷相同,并测记每级荷重及最后无荷时的膨胀稳定变形量。

7)拆除仪器

退去荷重后,拆去测微表,排除仪器中水分,按与安装相反的顺序拆除各部件,取出带环刀的试样。必要时,测定试样实验后的含水率。将仪器擦净,涂油放好。

8)仪器变形校正

考虑压缩仪器本身及滤纸变形所产生的变形影响,应做压缩量的校正。校正方法按下述步骤进行:以与试样相同大小的金属块代替土样放入容器中,然后与实验土样步骤一样,分别在金属块上加同等压力,每隔 10min 加荷一次,测记各级荷重下测微表读数;加至最大荷重,记下测微表读数后,按与加荷相反的次序,每 10min 退荷一次,测记测微表读数,至荷重完全卸除为止。

按压缩实验步骤拆除仪器,重新安装,重复以上步骤再进行校正,取其平均值作为各级荷重下仪器的变形量,其平行差值不得超过 0.01mm。

在生产实际中,对每个仪器都须事先作好变形校正曲线。初学者为练习仪器的使用,此步骤可以在正式实验前做好。

4. 成果整理

1)计算各级荷重下的试样变形量

(1)稳定压缩法:某一荷重下压缩稳定后的总变形量 $\sum \Delta h_i$ 为该荷重下测微表读数减去仪器变形量。

(2)快速压缩法:按下式计算某荷重下试样校正后的变形量 $\sum \Delta h_i$

$$\sum \Delta h_i = (h_i)_t \frac{(h_n)_T}{(h_n)_t} \tag{4-1}$$

式中:$\sum \Delta h_i$ ——某荷重下校正后的变形量,mm;

$(h_i)_t$ ——某荷重下压缩 1h 的总变形量减去该荷重下的仪器变形量,mm;

$(h_n)_t$ ——最后一级荷重下压缩 1h 的总变形量减去该荷重下的仪器变形量,mm;

$(h_n)_T$ ——最后一级荷重下达到稳定标准时的总变形量减去该荷重下的仪器变形量,mm。

2)计算试样的初始孔隙比 e_0

$$e_0 = \frac{\rho_s(1+W_0)}{\rho_0} - 1 \tag{4-2}$$

式中:ρ_s ——土粒密度,g/cm³;

ρ_0 ——试样初始密度,g/cm³;

W_0 ——试样初始含水率,以小数计。

3)计算各级荷重下变形稳定后的孔隙比 e_i

$$e_i = e_0 - (1+e_0) \frac{\sum \Delta h_i}{h_0} \tag{4-3}$$

式中:h_0 ——试样初始高度,mm;

e_0 ——原始孔隙比,无量纲。

4)计算各级荷重下的压缩系数 a 和压缩模量 E_s

$$a = \frac{e_i - e_{i+1}}{p_{i+1} - p_i} (\text{MPa}^{-1}) \tag{4-4}$$

$$E_s = \frac{1+e_0}{a} (\text{MPa}) \tag{4-5}$$

式中:p_i ——某一级荷重值,MPa。

5)成果

将计算成果填入成果表中,并作孔隙比 e 与压力 p 的关系曲线,如图 4-3 所示。

5.注意事项

(1)切削试样时,操作应十分耐心,尽量避免破坏土的结构,不允许直接将环刀压入土中。

(2)在环刀削去两端余土时,不允许用刀来回涂抹土面,避免孔隙被堵塞。

(3)不要振碰压缩台及周围地面,加荷或卸荷时均应轻放(取)砝码。

6.思考题

(1)快速压缩法是根据什么原理求得变形量的?

(2)土的压缩系数和压缩指数有什么不同?在压力较低的情况下能否求得压缩指数?

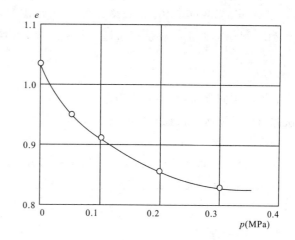

图4-3 孔隙比e与压力p的关系曲线

二、杠杆式固结仪求参(中、高压)

1.基本原理

本实验是测定试样在侧限和轴向排水条件下的变形和压力、变形和时间的关系,以便计算压缩指数、回弹指数、固结系数和前期固结压力等压缩性指标,了解土的压缩特性。

压力较小(0.4~0.6MPa)的压缩仪测得的压缩性指标,基本上能满足一般工程的要求。但随着工程建筑规模的增大,土体所受的压力愈来愈大,为测得较大压力条件下的压缩性指标,需使用压力较大的仪器(高压固结仪)实验,施加压力一般可达1.0~5.0MPa。加荷形式可有杠杆式、磅秤式和气压式等。

2.仪器设备

(1)中、高压固结仪;

(2)测土的含水率和密度所用的设备;

(3)其他:滤纸、钟表等。

3.操作步骤

1)切取安装试样

按实验四的方法制备并切取土样,放置于压缩容器中。

2)加荷观测

按不同加压设备的要求加各级荷重,荷重级不宜过大,视土的硬软程度和工程情况而定,一般顺序是 0.0125MPa、0.025MPa、0.05MPa、0.1MPa、0.2MPa、0.4MPa、0.6MPa、0.8MPa、1.2MPa、1.6MPa、3.2MPa,最后一级荷重应大于土层计算压力的0.1~0.2MPa。

如系饱和试样,则在施加第一级荷重后,须立即向水槽内注水,浸没试样;如系非饱和试样,需用湿棉纱围住加压盖板四周,避免水分蒸发。

如需测定沉降速率时,则在每级荷重加荷后按下列时间记录测微表读数:6s、12s、1min、2min15s、4min、6min15s、9min、12min15s、16min、20min15s、25min、30min15s、36min、49min、

64min、100min、200min、400min、23h、24h。如不需测定沉降速率,可每1h记录测微表读数一次至24h,到稳定为止。对某些渗透性较强的土,可观测到每小时变化不大于0.005mm时为止。

3)卸荷观测

如需测定回弹指数,则可在最后一级荷重稳定后卸荷,每次卸去两级荷重,直至卸完为止。每次卸荷后的膨胀变形稳定标准与加荷相同,并测记每次卸荷后的膨胀稳定变形量。

4)拆除仪器

卸完荷重后,拆去测微表,排除仪器中的水分,按与安装时相反的顺序拆除各部件,取出环刀中的试样,用干滤纸吸去土样两端表面的水分,测实验后的含水率。将仪器各部件擦净,涂油放好。

4. 成果整理

(1)计算试样的初始孔隙比 e_0

$$e_0 = \frac{\rho_s(1+W_0)}{\rho_0} - 1 \qquad (4-6)$$

式中:ρ_s、ρ_0、W_0——分别为试样原始的土粒密度、土的密度和含水率,g/m^3,%。

2)计算试样在各级荷重压缩稳定后的孔隙比 e_i

$$e_i = e_0 - (1-e_0)\frac{\sum \Delta h_i}{h_0} \qquad (4-7)$$

式中:$\sum \Delta h_i$、h_0——分别为校正后的变形量和试样原始高度,mm。

3)作 $e-\lg p$ 曲线

以孔隙比 e 为纵坐标,以 $\lg p$ 为横坐标,绘制关系曲线(图4-4)。

4)计算压缩指数 C_c 或回弹指数 C_s

$$C_c (\text{或 } C_s) = \frac{e_i - e_{i+1}}{\lg p_{i+1} - \lg p_i} \qquad (4-8)$$

式中:C_c——压缩指数,无量纲;

C_s——回弹指数,无量纲。

5)确定前期固结压力 p_c

在 $e-\lg p$ 曲线上(图4-4),先找出相应于最小曲率半径 $R_{\min}$ 的点 O,过 O 点作该曲线的切线 OA 和水平线 OB,作 $\angle AOB$ 的分角线 OD,延长曲线后段的直线部分与 OD 线相交于 C 点,则 C 点对应的压力 p_c 即为土的前期固结压力。

6)按下列两法之一求固结系数 C_v

(1)时间平方根法:对于某一荷重,以测微表读数 d(mm)为纵坐标,以时间平方根 $\sqrt{t}$(min)为横坐标,绘制 $d-\sqrt{t}$ 曲线(图4-5);延长 $d-\sqrt{t}$ 曲线开始的直线段,与曲线交于 d_0(理论零点)。过 d_0 绘制另一直线,令其横坐标为前一直线横坐标的1.15倍,则后一直线与 $d-\sqrt{t}$ 线交点所对应的时间的平方,即为试样固结度达90%所需的时间 t_{90},按式(4-9)计算该荷重下的固结系数 C_v

$$C_v = \frac{0.848\bar{h}^2}{t_{90}} \text{ (cm}^2/\text{s)} \qquad (4-9)$$

式中,$\bar{h}=\dfrac{h_1+h_2}{4}$ 为最大排水距离,等于某一荷重下试样初始与终了高度的平均值之半。

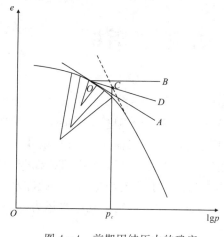

图 4-4 前期固结压力的确定

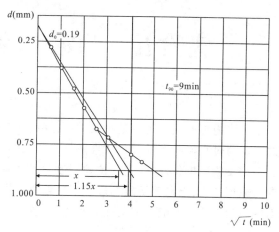

图 4-5 用时间平方根法求 t_{90}

(2)时间对数法:对于某一荷重,以测微表读数 d(mm)为纵坐标,以时间对数 $\lg t$(min)为横坐标,绘制 d-$\lg t$ 曲线,如图 4-6 所示。在 d-$\sqrt{t}$ 曲线的开始线段,选任一时间 t_1,与其相对应的测微表读数为 d_1,再取时间 $t_2=\dfrac{t_1}{4}$,与其相对应的读数为 d_2,则 $2d_2-d_1$ 之值为 d_{01}。如此再选取另一时间,依同法取得 d_{02}、d_{03}、d_{04} 等,取其平均值即为理论零点 d_0。延长 d-$\lg p$ 曲线中部的直线段和过曲线尾部数点作一切线,两线的交点即为理论终点 d_{100},则 $d_{50}=\dfrac{d_0+d_{100}}{2}$。对应于 d_{50} 的时间即为固结度达 50% 所需的时间 t_{50}。然后,按图 4-6 求在该荷重下的固结系数 C_v

$$C_v=\dfrac{0.197\bar{h}^2}{t_{50}}\ (\text{cm}^2/\text{s}) \qquad (4-10)$$

用上述两法都可求算出 C_v,根据经验,当荷重小于 p_c 时,用前法较好;当荷重大于 p_c 时,用后法较好。

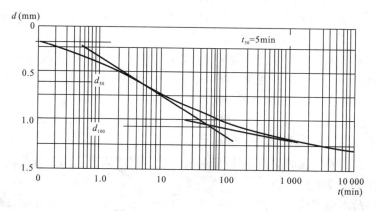

图 4-6 用时间对数法求 t_{50}

实验五　测定土的抗剪强度指标

土的室内抗剪强度实验是对试样进行剪切破坏性实验。土的抗剪强度是土的重要力学性质之一。通过直接剪切仪(简称"直剪仪")和三轴压缩剪切仪(简称"三轴仪"),可分别获取试样在不同实验边界条件下,土的抗剪强度参数内摩擦角 φ 和内聚力 C。太沙基(Terzaghi)有效应力原理认为,土在剪切破坏过程中来自两种作用力的共同作用,即有效应力 σ 和孔隙水压力 U。因为直剪仪不能测定土孔隙水压力,故为总应力法;三轴仪可测定土孔隙水压力,故有总应力法和有效应力法两种方法。

一、直接剪切实验

主题词: 直接剪切实验;应变控制式;应力控制式;剪应力;剪应变;不排水剪;排水剪;固结快剪;抗剪强度 τ_f;内摩擦角 φ;内聚力 C

1. 基本原理

直接剪切实验是测定土的抗剪强度的一种常用方法。实验的原理是根据库伦定律,土的内摩擦力与剪切面上的法向压力成正比。将土制备成几个土样,分别在不同的法向压力下,沿固定的剪切面直接施加水平剪力进行剪切,得其剪坏时的剪应力,即为抗剪强度 τ_f。然后,根据剪切定律确定土的抗剪强度指标 φ 和 C。

直接剪切仪,按施加剪力的方式不同,分为应变控制式和应力控制式两种(图5-1、图5-2)。应变控制式是通过弹性钢环变形控制剪切位移的速率;应力控制式是通过杠杆用砝码控制施加剪应力的速率,测相应的剪切位移。目前,多用应变控制式;而应力控制式,因施加砝码时易引起冲击力,故使用不多,只适宜做慢剪或长期强度实验。

按土样在荷重作用下压缩及受剪时的排水情况不同,实验方法可分为以下三种。

(1)快剪法(或称不排水剪):即在试样上施加垂直压力后,立即加水平剪切力。在整个实验中,不允许试样的原始含水率有所改变(试样两端覆以隔水蜡纸),即在实验过程中孔隙水压力保持不变(3~5min 内剪坏)。

(2)慢剪法(或称排水剪):即在加垂直荷重后,使它充分排水(试样两端覆以滤纸),在土样达到完全固结时,再加水平剪力;每加一次水平剪力后,均需经过一段时间,待土样因剪切引起的孔隙水压力完全消失后,再继续加下一次水平剪力。

(3)固结快剪法:在垂直压力下土样完全排水固结稳定后,以很快的速度施加水平剪力。在剪切过程中不允许排水(规定在 3~5min 内剪坏)。

由于上述三种实验方法的受力条件不同,所得抗剪强度值也不同。因此,必须根据土所处的实际应力情况来选择实验方法。

直接剪切实验不能严格控制排水条件,以土样所受的总应力为计算标准,故所得强度为总应力强度。施加某一垂直压力 σ 后,逐渐施加水平应力 τ,同时测得相应的剪切位移 ΔL,直至土样被剪坏为止。通常以剪应力的最大值(峰值)或稳定值作为抗剪强度 τ_f，如无明显变化，以剪切位移等于 4mm(土样直径为 64mm)的剪应力值作为土的抗剪强度。

2. 仪器设备

(1)直接剪切仪：应变控制式直接剪切仪或应力控制式直接剪切仪。

(2)其他：天平、修土刀、环刀、推土器、凡士林、滤纸或蜡纸、秒表、直尺、测角器等。

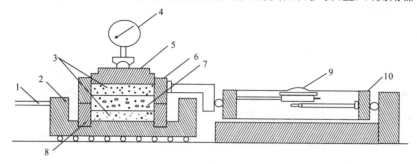

图 5-1　应变控制式直接剪切仪示意图

1. 轮轴；2. 底座；3. 透水石；4. 测微表；5. 活塞；6. 上盒；7. 土样；8. 下盒；9. 测微表；10. 量力环

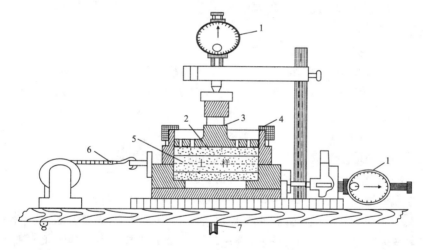

图 5-2　应力控制式直接剪切仪示意图

1. 测微表；2. 透水石；3. 带孔压板；4. 销钉；5. 剪切面；6. 剪切系统；7. 压力系统

3. 操作步骤

1)切取土样

按实验的需要，用已知质量、高度和面积的环刀，取相同试样 4~5 个，并测其密度，其密度差不应大于 0.03g/cm³，取余土测含水率。

2)检查仪器

(1)检查竖向和横向传力杠杆是否水平，如不平衡时调节平衡锤使之水平；

(2)检查上下销钉和升降螺丝是否失灵；

(3)检查测微表的灵敏性；

(4)将上下盒间接触面及盒内表面涂薄层凡士林，以减小摩阻力；

(5)对应变控制式直接剪切仪,尚需检查弹性钢环两端是否能与剪切容器和端承支点接紧;将手轮逆时针方向旋转,使推进器与容器离开,然后将推进器的保险销钉拧开,检查螺母轮或涡杆与螺丝槽有无脱离现象。

3)安装试样

(1)对准上下盒,插入固定销。在盒内放入一块透水石,其上覆一张隔水蜡纸(快剪)或湿滤纸(固结快剪、慢剪);

(2)顺次加上活塞、钢球及加压框架。

4)垂直加荷

每组实验至少取四个试样,在四种不同垂直压力下做剪切实验,垂直压力由现场预期的最大压力决定,一般垂直压力分别为 0.1MPa、0.2MPa、0.3MPa、0.4MPa。各垂直压力可一次轻轻施加;若土质松软,也可分次施加,以防土样挤出。每级垂直荷重下的固结标准如下:

(1)慢剪法和固结快剪法,要求土样垂直变形小于 0.005mm/h,此时才认为固结达到稳定。

(2)快剪法在加垂直荷重后,须立即进行剪切。

5)水平剪切

(1)应变控制式直接剪切仪:转动手轮,使上盒前端钢球刚好与量力环接触;调整量力环中的测微表读数为零。

施加垂直压力后拔出固定销,开动秒表;固结快剪和快剪法以每分钟 4~12 转均匀速率旋转手轮,使试样在 3~5min 内剪坏。如量力环中测微表指针不再前进,或者显著后退,则表示试样已被剪坏。一般宜剪至剪切变形达到 4mm;若测微表指针继续前进,则剪切变形应超过 6mm 才能停止。同时,测记手轮转数 n 和量力环测微表读数 R,剪切位移 $\Delta L = 20n - R$(ΔL 和 R 的单位都为 0.01mm)。

慢剪法剪切速率应小于 0.020~0.025mm/min,一般用电动装置。

(2)应力控制直接剪切仪:当试样在垂直荷重作用下垂直变形达到要求后,拔出固定销钉,用升降螺丝使盒微微抬起 0.1~1.0mm,其后按以下标准加水平荷重:

①固结快剪和快剪法,水平加荷速率控制在 3~5min 内将试样剪断。为此,每隔 15~20min 加下一级水平荷重。每次加荷前,测记水平测微表读数。当在某级水平荷重下水平变形不停止,测微表继续移动时,即认为试样剪坏。

②慢剪法,加第一次水平荷重后,每隔 2min 测记水平变形一次;在 2min 内水平变形不超过 0.01mm 时,方能加下一级水平荷重,直至剪断为止(标准同前)。

6)拆除仪器

剪切结束后,测记垂直测微表读数,吸去盒中积水,尽快地依次卸除测微表、荷载、上盒等;必要时,沿剪切面取试样测定剪切后的土样含水率。

4. 成果整理

1)计算各级垂直荷重下土的抗剪强度 τ_f 及剪切位移 ΔL(以峰值抗剪强度为准;必要时,绘制剪应力与剪切位移关系曲线,选择抗剪强度)

(1)应变控制式直接剪切仪:

$$\tau_f = CR \tag{5-1}$$

式中：C——量力环校正系数，MPa/0.01mm；
　　　R——量力环测微表读数，0.01mm。

(2)应力控制式直接剪切仪：

$$\tau_f = \frac{F-f}{A} \tag{5-2}$$

式中：F——水平剪切力，N，$F=QL$，其中 Q 为施加的砝码重力，L 为杠杆比例；
　　　f——剪切盒间的摩擦力，N，其值小于垂直荷重1%时，可忽略不计；
　　　A——试样面积，cm²。

2)绘制 τ_f-σ 关系曲线

以抗剪强度 τ_f 为纵坐标，以垂直压力 σ 为横坐标，绘制 τ_f-σ 关系曲线(图5-3)，直线的倾角为土的内摩擦角 φ，直线在纵坐标轴上的截距为土的内聚力 C。

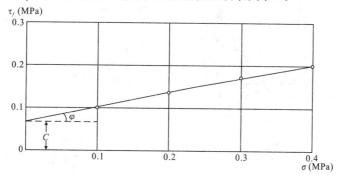

图5-3　剪切曲线

当 τ_f-σ 曲线中三点不能连成一条直线，且相差不大时(不超过相应抗剪强度的5%)，可用三角形法求得近似直线代替。其做法是：连接三点组成一个三角形，通过此三角形三中线的交点(三角形重心)作平行于最长边的平行线，此线即为所求的近似直线。

5．注意事项

(1)仪器应定期校正检查，保证加荷准确；
(2)每组中的几个试样应是同一层土，密度值不应超过允许误差；
(3)同一组实验应在同一台仪器中进行，以消除仪器误差；
(4)应力式直接剪切仪加砝码时应稳妥，避免振动。

6．思考题

(1)为什么不同实验方法，有的试样两端放滤纸，有的放隔水纸？
(2)应力式直接剪切仪和应变式直接剪切仪有什么不同点？

二、静三轴压缩剪切实验

主题词：三轴压缩剪切实验；最小主应力；最大主应力；应力圆及强度包络线；内摩擦角；内聚力；总抗剪强度参数；有效抗剪强度参数；孔隙水压力系数

1. 基本原理

三轴压缩剪切实验也是测定土抗剪强度的一种方法。实验是用橡皮包封一圆柱状试样,将它置于透明密封容器中,然后向容器中注入液体,并加压力,使试样各方向受到均匀的液体压力(即最小主应力 σ_3),此后,在试样两端通过活塞杆逐渐施加竖向压力 σ_v,则最大主应力 $\sigma_1 = \sigma_3 + \sigma_v$,一直加到试样被破坏时为止。根据极限平衡理论,用破裂时的最大和最小主应力绘制摩尔圆。同一土样,可取三个以上试样,分别在不同周围压力(即最小主应力 σ_3)下,在不同垂直压力(最大主应力 σ_1)作用下剪坏,并在同一坐标中绘制相应的摩尔圆的包络线,此线即为该土的抗剪强度曲线。通常以近似的直线表示,其倾角即为内摩擦角 φ,在纵轴上的截距即为内聚力 C(图 5-4)。

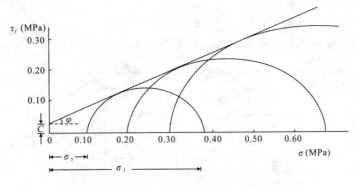

图 5-4 三轴剪切实验的应力圆及强度包络线

三轴剪切仪,分为应变控制式和应力控制式两种。前者操作方便,应用广泛;后者除施加轴向压力不同外,主要部件与前者相同,操作比较麻烦,难以测定应力-应变曲线上的峰值,但对于测固结排水的抗剪强度以及测定土的长期强度及静变形模量等仍有一定用途。

根据排水条件的不同,将三轴剪切实验分为三种类型,即不固结不排水剪、固结不排水剪和固结排水剪。实验方法的选择应根据工程情况、土的性质、建筑物施工条件,以及所采用的分析方法而定。

(1)不固结不排水剪实验,是在整个实验过程中,从施加周围压力和轴向压力直至剪坏为止,均不允许试样排水。饱和试样可测得总抗剪强度参数 C_u、φ_u。

(2)固结不排水剪实验,是先使试样在某一周围压力下固结排水,然后保持在不排水情况下,增加轴向压力,直至剪坏为止。可测得总抗剪强度参数 C_{cu}、φ_{cu} 或有效抗剪强度参数 C'、φ' 和孔隙水压力系数。

(3)固结排水剪实验,是在整个实验过程中允许试样充分排水,即在某一周围压力下排水固结,然后在充分排水的情况下增加轴向压力,直至剪坏为止。可以测得有效抗剪强度参数 C_d、φ_d。

本实验采用应变控制式三轴剪切仪,主要测定原状黏性土的强度指标。

2. 仪器设备

(1)应变控制式三轴剪切仪(图 5-5):主要有压力室、轴向加压设备、施加围压系统、体积变化和孔隙压力量测系统;

(2)切土盘(图 5-6)用于制备较软的土;

(3)切土器(图 5-7)用于制备较硬的土;

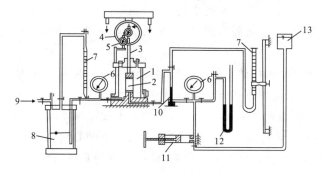

图 5-5 应变控制式三轴剪切仪示意图

1. 压力室；2. 试样；3. 活塞；4. 量力环；5. 测微表；6. 压力表；7. 量水管；8. 压力库；
9. 接空气压缩机；10. 毛细管；11. 压力控制室；12. "U"形测压管；13. 供水瓶

(4) 承膜筒 (图 5-8)；

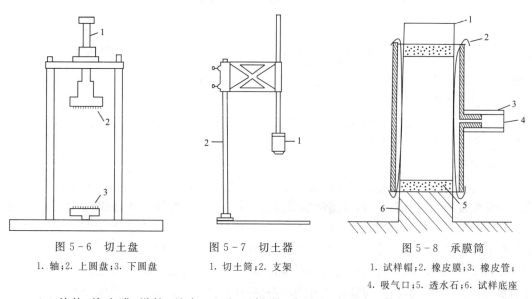

图 5-6 切土盘
1. 轴；2. 上圆盘；3. 下圆盘

图 5-7 切土器
1. 切土筒；2. 支架

图 5-8 承膜筒
1. 试样帽；2. 橡皮膜；3. 橡皮管；
4. 吸气口；5. 透水石；6. 试样底座

(5) 其他：橡皮膜、烘箱、秒表、天平、干燥器、称量盒、切土刀、钢丝锯、滤纸、卡尺等。

3. 操作步骤

1) 检查仪器

(1) 周围压力的精度，要求达到最大压力的 1%；根据试样的强度大小，选择不同量程的量力环，使最大轴向力的精度不小于 1%。

(2) 排除孔隙压力测量系统的气泡，首先将零位指示器中水银移入贮槽内，提高量管水头，将孔隙水压力阀及量管阀打开，脱气水自量管向试样座溢出，排除其中气泡，或者关闭孔隙压力阀及量管阀，用调压筒加大压力至 0.5MPa，使气泡溶于水，然后迅速打开孔隙压力阀，使压力水冲出底座外，将气泡带走。如此重复数次，即可达到排气的目的。排气完毕后，关闭孔隙压力阀及量管阀，从贮槽中移回水银，然后用调压筒施加压力，要求整个孔隙压力系统在 0.5MPa 压力下，零位指示器的毛细管水银上升不超过 3mm。

(3) 检查排水管路是否畅通，活塞在轴套内滑动是否正常，连接处有无漏水现象。检查完毕后，关闭周围压力阀、孔隙压力阀和排水阀，以备使用。

(4)检查橡皮膜是否漏气：将膜内充气，扎紧两端，然后在水下检查有无漏气。

2)制备试样

(1)试样分原状土试样和扰动土试样，对原状土样，可直接从原状土中切取；对扰动土样，多用击实法制备。对原状土用下述方法制备试样。

如果土样较软弱，则用钢丝锯或削土刀取一稍大于规定尺寸的土柱，放在切土盘的上下圆盘之间（图5-6），用钢丝锯或削土刀紧靠侧板，由上往下细心切削，边切边转动圆盘，直到试样被削成规定的直径为止，然后削平上下两端（试样高度与直径的比值应为2.0～2.5）。

如果土样坚硬，可先用削土刀切取一稍大于规定尺寸的土柱，将上下两端削平，按试样所要求的层次方向平放在切土器（图5-7）上。在切土器内壁上涂一薄层凡士林，将切土器刃口向下对准土样，边削土样边压切土器；将试样取出，按要求高度将两端削平。若试样表面因遇有砾石而成孔洞，允许用土填补。

(2)将削好的试样称量，用卡尺测量试样直径D，并按下式计算试样的平均直径D_0。

$$D_0 = \frac{D_1 + 2D_2 + D_3}{4} \tag{5-3}$$

式中：D_1、D_2、D_3——试样上、中、下部位的直径，cm。

取余土，测定含水率（对于同一组原状土，取三个试样，其密度的差值不宜大于0.03g/cm³，含水率差值不大于2%）。

(3)根据土的性质和状态及对饱和度的要求，可采用不同的方法进行试样饱和，如水头饱和法和反压力饱和法等。

3)安装试样

(1)不固结不排水剪：①将试样放在试样底座的不透水圆板上，在试样顶部放置不透水试样帽。②将橡皮膜套在承膜筒内，并将两端翻过来（图5-8），从吸嘴吸气，使膜紧贴承膜筒内壁，然后套在试样外，放气，翻起橡皮膜，取出承膜筒，用橡皮圈将橡皮膜分别扎紧在试样底座和试样帽上。③装上压力室外罩。安装时，先将活塞提高，以免碰撞试样，然后将活塞对准试样帽中心，并均匀地旋紧螺丝，再将量力环对准活塞。④开排气孔，向压力室充水。当压力室快注满水时，降低进水速度；当水从排气孔溢出时，关闭排气孔。⑤打开周围压力阀，施加所需的周围压力。周围压力的大小，应与工程的实际荷重相适应，并尽可能使最大周围压力与土体的最大实际荷重大致相等。一般可按0.1MPa、0.2MPa、0.3MPa、0.4MPa施加。⑥旋转手轮，当量力环的测微表微动时，表示活塞已与试样帽接触，然后将量力环的测微表和变形测微表的指针调整到零位。

(2)固结排水剪：①打开孔隙压力阀及量管阀，使试样底座充水排水，并关阀，将煮沸过的透水石滑入试样座上，然后放上湿滤纸，放置试样，试样上端亦放一湿滤纸及透水石，在其周围贴上7～9条宽度为6mm左右浸湿的滤纸条，滤纸条两端与透水石连接。②将橡皮膜套在承膜筒内，再将两端翻过来（图5-8），从吸嘴吸气，使膜紧贴承膜筒内壁，然后套在试样外，放气，翻起橡皮膜，取出承膜筒，将橡皮膜上端翻出模外，然后用洗耳球吸气，使橡皮膜贴紧对开模内壁，再将橡皮膜下端扎紧在实验底座上。③用软刷子或双手自下而上轻抚试样，以排除试样与橡皮膜之间的气泡（对饱和软黏土，可以打开孔隙压力阀及量管阀，使水徐徐流入试样与橡皮膜之间，以排除夹气，然后关闭）。④打开排气阀，使水从试样中徐徐流出，以排除管路中的气泡,并将试样帽置于试样顶端,排除顶端气泡,将橡皮膜扎紧在试样帽上。⑤降低固结排水管,使其水面至试样中心高度以下 20~40cm 处,吸出试样与橡皮膜之间的多余水分,并关排水阀。⑥装上压力室外罩。安装时,应先将活塞提高,以防碰撞试样,然后将活塞对准试样帽中心,并均匀地旋紧螺丝,再将量力环对准活塞。⑦打开排气孔,向压力室充水。当压力室快注满水时,降低进水速度;当水从排水孔溢出时,关闭排气孔。然后,将固结排水管水面置于试样中心高度处,并测记其水面读数。⑧使量管水面位于试样中心高度处,开量管阀,用调压筒调整指示器的水银面于毛细管指示线,记下孔隙压力表读数,然后关量水阀。⑨打开周围压力阀,施加所需周围压力,旋转手轮,使量力环内测微表微动,然后将量力环的测微表和变形测微表指针调整到零点。

4) 固结排水

(1) 用调压筒先将孔隙压力表读数调至接近该级周围压力大小,然后徐徐打开孔隙压力阀,并同时旋转调压筒,使毛细管内水银保持不变;测记稳定后的孔隙压力读数,将其减去孔隙压力起始读数,即为周围压力下试样的起始孔隙压力。

(2) 在打开排水阀的同时,开动秒表,按 0min、0.25min、1min、4min、9min、16min……时间间隔测记固结排水管水面及孔隙压力表读数。在整个实验过程中,固结排水管水面应置于试样中心高度处,零位指示器的水面应始终保持在原来的位置。当孔隙水压力消散度达到 95% 以上时,即认为固结完成。

(3) 固结完成后,关排水阀,记下固结排水管和孔隙压力表的读数;然后转动细调手轮,此时量力环测微表开始微动,即为固结下沉量 Δh,依次算出固结后试样高度 h_c。然后,将量力环测微表和垂直变形测微表调至零。

5) 试样切剪

(1) 不固结不排水剪(加围压后不固结立即剪切):①开动马达,接上离合器进行剪切,剪切应变速率取每分钟 0.5%~1.0%。开始阶段,试样每产生垂直应变 0.3%~0.4%,测记量力环测微表读数和垂直变形测微表读数各一次。当接近峰值时,应加密读数。如试样特别脆硬或软弱,可酌情加密或减少测读的次数。②当出现峰值后,再继续进行实验,使产生 3%~5% 的垂直应变,或剪至总垂直应变达 15% 后停止实验。若量力环读数无明显减少,则垂直应变进行到 20% 时停止实验。③实验结束后,先关围压力阀,关闭马达,拨开离合器,倒转手轮;然后打开排气孔,排去压力室内的水;拆除压力室外罩,擦干试样周围的余水,脱去试样外的橡皮膜;描述破坏后形状,称试样质量,测定试样含水率。

对其余几个试样,在不同围压力下按上述方法进行剪切实验。

(2) 固结不排水剪(测孔隙压力):①剪切应变速率,应参照规定选用:亚黏土每分钟 0.1%~0.5%、一般黏土每分钟 0.05%~0.1%,高密度或高塑性土每分钟小于 0.05%。②开动马达,接上离合器,进行剪切。开始阶段,试样每产生垂直应变 0.3%~0.4% 时测记量力环测微表读数和垂直变形测微表读数各一次;当垂直应变达 3% 以后,读数间隔可延长至应变为 0.7%~0.8% 时各测记一次;当接近峰值时,应加密或减少测读的次数,同时,测记孔隙压力表读数。剪切过程中,应使零位指示器的水银面始终保持于原来位置。③当出现峰值后,再继续进行实验,使产生 3%~5% 的垂直应变,或剪至总垂直应变达 15% 后停止实验。若量力环读数无明显减少,则应使垂直应变达到 20%。试样剪切停止后,应关孔隙压力阀,并将孔隙压力表退至零位。

其余几个试样,在不同围压作用下,按上述方法进行剪切实验。

(3)固结排水剪:①开动马达,进行剪切,一般剪切应变速率采用每分钟应变为0.003%～0.012%。在剪切过程中,应打开排水阀、量管阀和孔隙压力阀。开始阶段,试样每产生垂直应变0.3%～0.4%时测记量力环和垂直变形测微表读数及排水管、量管读数各一次;当垂直应变达3%以后,读数间隔可延长至应变为0.7%～0.8%各测记一次;当接近峰值时,应加密读数。如果试样特别脆硬或软弱,可酌情加密或减少测读的次数。②实验停止后,先关围压力阀,关闭马达,拨开离合器,倒转手轮,然后打开排气孔,排去压力室内的水;拆除压力室外罩,擦干试样周围的余水,脱去试样外的橡皮膜;描述破坏后的形状,称试样质量,测试样含水率。

4. 成果整理

1)计算固结后试样的高度h_c、面积A_c、体积V_c及剪切时的面积A_a

$$h_c = h_0 - \Delta h_c \tag{5-4}$$

$$A_c = \frac{V_0 - \Delta V}{h_c} \tag{5-5}$$

$$V_c = h_c A_c \tag{5-6}$$

$$A_a = \frac{A_0}{1 - \varepsilon_1}（不固结不排水剪）\tag{5-7}$$

$$A_a = \frac{A_c}{1 - \varepsilon_1}（固结不排水剪）\tag{5-8}$$

$$A_a = \frac{V_c - \Delta V_i}{h_c - \Delta h_i}（固结排水剪）\tag{5-9}$$

式中:h_0——试样起始高度,cm;

Δh_c——固结下沉量,由轴向变形测微表测得,cm;

Δh_i——试样剪切时高度变化,由轴向变形测微表测得,cm;

A_0——试样起始面积,cm²;

V_0——试样起始体积,cm³;

ΔV——固结排水量,cm³;

ΔV_i——排水剪时的试样体积变化,按排水管读数求得,cm³;

ε_1——轴向应变,%;

不固结不排水剪——$\varepsilon_1 = \frac{\Delta h_i}{h_0} \times 100\%$;

固结不排水及固结排水剪——$\varepsilon_1 = \frac{\Delta h_i}{h_c} \times 100\%$。

2)计算主应力差$(\sigma_1 - \sigma_3)$和有效主应力比$(\frac{\sigma_1'}{\sigma_3'})$

$$\sigma_1 - \sigma_3 = \frac{C \cdot R}{A_a} \tag{5-10}$$

$$\frac{\sigma_1'}{\sigma_3'} = \frac{\sigma_1 - u}{\sigma_3 - u} \tag{5-11}$$

式中:σ_1、σ_3——大主应力和小主应力,MPa;

σ_1'、σ_3'——有效大主应力和有效小主应力,MPa;

u——孔隙水压力,MPa;

C——量力环校正系数,N/0.01mm;

R——量力环测微表读数,0.01mm。

3)绘制关系曲线

以轴向应变值 ε_1 为横坐标,分别以 $(\sigma_1-\sigma_3)$、$\dfrac{\sigma_1'}{\sigma_3'}$、$u$ 为纵坐标,绘制 $(\sigma_1-\sigma_3)$ 与 ε_1 的关系曲线、$\dfrac{\sigma_1'}{\sigma_3'}-\varepsilon_1$ 关系曲线及 $u-\varepsilon_1$ 关系曲线。

4)选择破坏应力值

以 $(\sigma_1-\sigma_3)$ 与 ε_1 或 $\dfrac{\sigma_1'}{\sigma_3'}$ 与 ε_1 的关系曲线的峰值相应的主应力差或有效主应力比值作为破坏值。如无峰值,则以应变 ε_1 为 15% 处的主应力差或有效主应力比值为破坏应力值。

5)绘制主应力圆和强度包络线

(1)不固结不排水剪和固结不排水剪实验:以法向应力 σ 为横坐标,以剪应力 τ 为纵坐标,在横坐标上以 $\dfrac{\sigma_{1f}-\sigma_{3f}}{2}$ 为圆心,以 $\dfrac{\sigma_{1f}-\sigma_{3f}}{2}$ 为半径(下角标 f 表示破损时的值),绘制破损总应力圆。在绘制不同周围压力下的应力圆后,做诸圆的包络线(图 5-4)。该包络线的倾角即为内摩擦角 φ_u 或 φ_{cu},包络线在纵轴的截距即为内聚力 C_u 或 C_{cu}。

(2)固结不排水剪中测孔隙水压力:先确定试样破损时的有效主应力,以有效主应力 σ' 为横坐标,以剪应力 τ 为纵坐标,绘制不同周围压力下的应力圆,做诸圆的包络线,求得有效内摩擦角 φ' 和有效内聚力 C'。

(3)固结排水剪实验:孔隙水压力等于零,绘出的包络线为有效抗剪强度曲线,求得 φ_d 和 C_d。

6)计算孔隙水压力系数 B、$\overline{B}_f$、A、$\overline{A}$

$$B=\dfrac{u_i}{\sigma_3} \tag{5-12}$$

$$\overline{B}_f=\dfrac{u_f}{\sigma_{1f}} \tag{5-13}$$

$$A=\dfrac{u_d}{B(\sigma_1-\sigma_3)} \tag{5-14}$$

$$\overline{A}=A-B \tag{5-15}$$

式中:u_i——某周围压力下的起始孔隙水压力,MPa;

u_f——某周围压力下试样破损时的总孔隙水压力,MPa;

u_d——试样在主应力差 $(\sigma_1-\sigma_3)$ 下出现的孔隙水压力,MPa;

σ_{1f}——某周围压力下试样破损时的最大主应力,MPa。

第二部分

土体原位实验

实验六　静力触探实验

静力触探(CPT)是用静力将探头以一定的速度压入土中,利用探头内的力传感器,通过电子量测器将探头受到的贯入阻力记录下来。由于贯入阻力的大小与土层的性质有关,因此通过贯入阻力的变化情况,可以达到了解土层工程性质的目的。

一、静力触探的贯入设备

主题词:静力触探(CPT);加压装置;反力装置

1. 加压装置

加压装置的作用是将探头压入土层中,按加压方式可分为下列几种。

(1)手摇式轻型静力触探:利用摇柄、链条、齿轮等用人力将探头压入土中。适用于较大设备难以进入的狭小场地的浅层地基现场测试。

(2)齿轮机械式静力触探:主要组成部件有变速马达(功率2.8~3kW)、伞形齿轮、丝杆、导向滑块、支架、底板、导向轮等。因其结构简单,加工方便,既可单独落地组装,也可装在汽车上,但贯入力较小,贯入深度有限。

(3)全液压传动静力触探:分单缸和双缸两种。主要组成部件有油缸和固定油缸底座、油泵、分压阀、高压油管、压杆器和导向轮等。目前在国内使用液压静力触探仪比较普遍,一般是将载车改装成轿车型静力触探车,其动力来源既可使用汽车本身动力,也可使用外接电源,工作条件较好,最大贯入力可达200kN。

2. 反力装置

静力触探的反力有以下三种形式。

(1)利用地锚作反力:当地表有一层较硬的黏性土覆盖层时,可使用2~4个或更多的地锚作反力,具体视所需反力大小而定。锚的长度一般为1.5m左右,应设计成可以拆卸式的,并且以单叶片为好。叶片的直径可分成多种,如25cm、30cm、35cm、40cm,以适应各种情况。地锚通常用液压拧锚机下入土中,也可用机械或人力下入。手摇式轻型静力触探设备采用的地锚,因其所需反力较小,锚的长度也较短,为1.2m,叶片直径则为20cm。

(2)用重物作反力:如表层土为砂砾、碎石土等,地锚难以下入,此时只有采用压重物来解决反力问题,在触探架上压以足够的重物,如钢轨、钢锭、生铁块等。软土地基贯入30m以内的深度,一般需压4~5t。

(3)利用车辆自重作反力:将整个触探设备装在载重汽车上,利用载重汽车的自重作反力,如反力仍不足,可在汽车上装上拧锚机,可下入4~6个地锚,也可在车上装一厚度较大的钢板或其他重物,以增加触探车本身的重量。

贯入设备装在汽车上工作方便,工效比较高,但也有不足之处,由于汽车底盘距地面过高,使钻杆施力点距离地面的自由长度过大,当下部遇到硬层而使贯入阻力突然增大时易使钻杆弯曲或折断,应考虑降低施力点距地面的高度。

触探探杆通常用外径为 32~35mm、壁厚为 5mm 以上的高强度的无缝钢管制成,也可用外径为 42mm 的无缝钢管。为了使用方便,每根触探杆的长度以 1m 为宜,探杆头宜采用平接,以减小压入过程中探杆与土的摩擦力。

二、探头

主题词:探头;电阻应变仪;自动记录仪

1. 探头的工作原理

将探头压入土中时,由于土层的阻力,使探头受到一定的压力,土层的强度愈高,探头所受到的压力愈大。通过探头内的阻力传感器(以下简称传感器),将土层的阻力转换为电信号,然后由仪表显示出来。为了实现这个目的,需运用三个方面的原理,即材料变形的虎克定律、电量变化的电阻率定律和原理。传感器受力后要产生变形,根据弹性力学原理,如应力不超过材料的弹性范围,其应变的大小与土的阻力大小成正比,而与传感器截面积成反比,因此只要能将传感器的应变大小测量出,即可知土阻力的大小,从而求得土的有关力学指标。

如果在传感器上牢固地贴上电阻应变片,当传感器受力变形时,应变片也随之产生相应的应变,从而引起应变的电阻产生变化。根据电阻定律,应变片的阻值变化与电阻丝的长度变化成正比,与电阻丝的截面积变化成反比,这样就能将钢材的变形转化为电阻的变化。但由于钢材在弹性范围内的变形很小,引起电阻的变化也很小,不易测量出来。为此,在传感器上贴一组电阻应变片,组成一个桥路,使电阻的变化转化为电压的变化,通过放大,就可以测量出来。因此,静力触探就是通过探头传感器实现一系列的转换(土的强度→土的阻力→传感器的应变→电阻的变化→电压的输出),最后由电子仪器放大并记录下来,达到测定土强度和其他指标的目的。

2. 探头的结构

目前国内常用的探头有两种,一种是单桥探头,另一种是双桥探头。另外还有能同时测量孔隙水压力的两用(P_s-u)或三用(q_c-u-f_s)探头,即在单桥或双桥探头的基础上增加了能量测孔隙水压力的功能。

(1)单桥探头:由图 6-1 可知,单桥探头由带外套筒的锥头、弹性元件(传感器)、顶柱和电阻应变片组成,探头的形状规格不一,常用的探头规格如表 6-1,其中有效侧壁长度为锥底直径的 1.6 倍。

表 6-1 单桥探头的规格

型号	探头直径 ϕ(mm)	探头截面积 A(cm²)	有效侧壁长度 L(mm)	锥角 α(°)
I-1	35.7	10	57	60
I-2	43.7	15	70	60
I-3	50.4	20	81	60

注:I-3 型探头未列入《岩土工程勘察规范》(GB50021-2001)。

(2)双桥探头:单桥探头虽带有侧壁摩擦套筒,但不能分别测出锥头阻力和侧壁摩擦力。双桥探头除锥头传感器外,还有侧壁摩擦传感器及摩擦套筒。侧壁摩擦套筒的尺寸与锥底面积有关。双桥探头结构图见图6-2,其规格见表6-2。

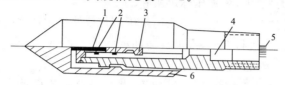

图6-1 单桥探头结构

1.顶柱;2.电阻应变片;3.传感器;4.密封垫圈套;5.四芯电缆;6.外套筒

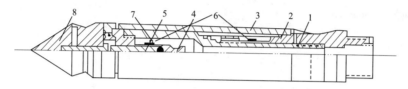

图6-2 双桥探头结构

1.传力杆;2.摩擦传感器;3.摩擦筒;4.锥尖传感器;5.顶柱;
6.电阻应变片;7.钢球;8.锥尖头

表6-2 双桥探头的规格

型号	探头直径 ϕ(mm)	探头截面积 A(cm²)	摩擦筒表面积 F_s(cm²)	锥角 α(°)
Ⅱ-1	35.7	10	150,200	60
Ⅱ-2	43.7	15	300	60
Ⅱ-3	50.4	20	300	60

注:Ⅱ-3型探头未列入《岩土工程勘察规范》(GB5002—2001)。

(3)孔压静力触探探头:图6-3所示为带有孔隙水压力测试的静力触探探头。该探头除了具有双桥探头所需的各种部件外,还增加了由过滤片(通常由微孔陶瓷制成)做成的透水滤器和一个孔压传感器,过滤片的渗透系数一般为$(1\sim5)\times10^{-5}$cm/s,过滤片周围应有110 ± 5kPa的抗渗压能力,其位置一般以对称3~6孔镶嵌于锥面为佳。孔压静力触探探头具有能同时测定锥头阻力、侧壁摩擦阻力和孔隙水压力的装置,同时还能测定探头周围土中孔隙水压力的消散过程。

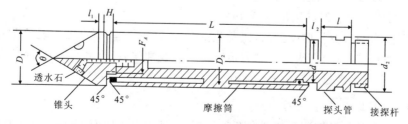

图6-3 孔压静力触探探头

3. 探头的标定

为了建立锥头贯入阻力与仪器显示值之间的关系,在使用前或使用一段时间后,应将探头放在探头标定设备(压力机)上,做加压标定实验。

如果是尚未使用过的新探头,应在正式记录压力与仪器显示值之间的关系前,先用探头的最大设计压力加在探头上,进行3～5次加载与卸载的重复性试压,同时观察仪器的读数和回零情况,等到数值稳定后就可以开始标定。

按设计的最大加载分成5～10级,逐级加压,并记录仪器的显示值。压到最大荷载后,逐级卸载同时记录仪器的显示值。这样的过程至少重复三次,以平均值作图。一般以加压荷载为纵坐标,以应变量(或毫伏数)为横坐标。它们之间的关系,正常情况下应为一条通过坐标零点的直线,如图6-4所示。

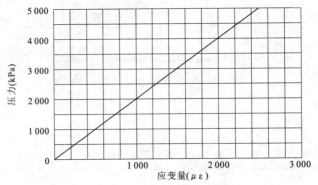

图6-4 探头标定曲线

探头的标定系数 α 按下式计算。

当使用电阻应变仪时

$$\alpha = \frac{p}{A\varepsilon}(\mathrm{MPa}/\mu\varepsilon) \tag{6-1}$$

当使用自动记录仪时

$$\alpha = \frac{p}{AU_p}(\mathrm{MPa/mV}) \tag{6-2}$$

式中:p——标定时所加的最大荷载,N;

A——计算受荷面积(锥头横截面积或摩擦套筒表面的受荷面积),mm^2;

ε——当压力为 p 时的应变量,$\mu\varepsilon$;

U_p——当压力为 p 时的输出电压,mV。

当标定时应力与应变呈曲线关系,或者截距很大,回零性差,弹性滞后现象严重,那么探头不能使用。一般规定,室内探头标定测力传感器的非线性误差、重复性误差、滞后误差、温度漂移、归零误差均应小于满量程输出值的1%。

4. 量测记录仪器

目前我国常用的静触探测量仪器有两种类型,一种为电阻应变仪,另一种为自动记录仪。

1)电阻应变仪

电阻应变仪由稳压电源、振荡器、测量电桥、放大器、相敏检波器和平衡指示器等组成。应变仪是通过电桥平衡原理进行测量的。当触探头工作时,传感器发生变形,引起测量桥路的平衡发生变化,可通过手动调整电位器使电桥达到新的平衡,同时根据电位器调整程序,可确定应变量的大小,并从读数盘上直接读出。

2）自动记录仪

静力触探自动记录仪,是由通用的电子电位差计改装而成,它能随深度自动记录土层贯入阻力的变化情况,并以曲线的方式自动绘在记录纸上,从而提高了野外工作的效率和质量。

自动记录仪主要由稳压电源、电桥、滤波器、放大器、滑线电阻和可逆电机组成。由探头输出的信号,经过滤波器以后,到达测量电桥,产生出一个不平衡电压,经放大器放大后,推动可逆电机转动,与可逆电机相连的指示机构就沿着有分度的标尺滑行,标尺是按信号大小比例刻制的,因而指示机构所指示的位置即为被测信号的数值。

其中,深度控制是在自动记录仪中采用一对自整角机,即 45LF5B 及 45LJ5B（或 5A 型）,前者为发信机,固定在触探贯入设备的底板上,与摩擦轮相连,而摩擦轮则紧随钻杆压入土中而转动,从而带动发信机转子旋转,送出信号利用导线带动装在自动记录仪上的收信机（45LJ5B 机）转子旋转,再利用一组齿轮使接收机与仪表的走纸机连接,当钻杆下压 1m,记录纸刚好移动 1cm（比例为 1∶100）或 2cm（比例为 1∶50）,从而与压入深度同步,这样所记录的曲线就是用 1∶100 或 1∶50 比例尺绘制的触探孔土层的力学柱状图。微机控制的记录在触探实验过程中可显示和存入与各深度对应的 q_c 和 f_s 值,起拔探杆时即可进行资料分析处理,打印出直观曲线。

实验七　旁压实验

主题词：预钻式旁压实验(PMT)；自钻式旁压实验(SBPMT)；膨胀型旁压实验；压力盒型旁压实验；加压稳压装置；量测及控制装置

一、预钻式旁压实验

1. 实验原理及目的

预钻式旁压实验(PMT)是指通过旁压器在预先打好的钻孔中对孔壁施加横向压力，使土体产生径向变形，利用仪器量测压力与变形的关系，测求地基土的力学参数。

2. 适用范围

预钻式旁压实验适用于孔壁能保持稳定的黏性土、粉土、砂土、碎石土、残积土、风化岩和软岩。

3. 仪器设备

预钻式旁压仪由旁压器、加压稳压装置和量测及控制装置等组成(图7-1)。

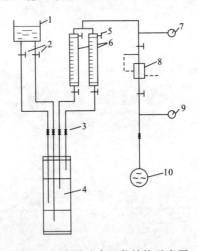

图7-1　预钻式旁压仪结构示意图
1. 水箱；2. 开关；3. 快速接头；4. 旁压器；5. 放气阀；6. 量管；
7. 输出压力表；8. 减压阀；9. 输入压力表；10. 气源

1) 旁压器

旁压器是旁压仪的主要部分，用以对孔壁施加压力。它由一空心金属圆柱筒、固定在金属筒上的弹性膜和膜外护铠组成，分三腔式和单腔式。三腔式中腔为量测腔，上、下两腔为辅助腔。上、下两腔由金属管连通而与中腔严密封闭。辅助腔的作用在于延长孔壁土层受压段长度,减小量测腔的端部影响,当土体受压时,使量测腔部分周围土体均匀受压,使土层近似地处于平面应变状态。

弹性膜紧附在旁压器腔室的外壁,在上、中、下三腔的端部用套环固定,以保证通水加压后三腔各自膨胀。弹性膜厚约 2mm。膜外护铠的作用是防止旁压器的弹性膜被压破。国内目前常用的旁压器规格如表 7-1 所示。

表 7-1 旁压器规格

型号		规格				
		总长度(mm)	中腔长度(mm)	外径(mm)	中腔体积(cm³)	量管截面积(cm²)
PY$_1$-A		450	250	50	491	15.28
PY$_1$-2		680	200	60	565	13.20
GA GA$_M$	AX	800	350	44	532	15.30
	BX	650	200	58	535	
	NX	650	200	70	790	

2)加压稳压装置

加压稳压装置由高压氮气瓶连接减压阀组成。当无高压氮气瓶时,亦可用普通打气筒和稳压罐代替。

3)量测及控制装置

量测及控制装置由水箱、量管、压力表、导管等组成。量管最小刻度为 1mm,压力表最小刻度为 5kPa。

4. 实验工作及要求

1)仪器标定

(1)弹性膜约束力标定:由于弹性膜具有一定的厚度,因而在实验时施加的压力并未完全传递给土体,弹性膜本身产生的侧限作用使压力受到损失。这种压力损失值称为弹性膜的约束力。一般规定在每个工程实验前、新装或更新弹性膜、放置时间较长、膨胀次数超过一定值时,或温差超过 4℃时需进行弹性膜约束力标定。弹性膜约束力的标定方法是:将旁压器置于地面,然后打开中腔和上、下腔阀门使它充水。当水充满旁压器并回返至规定刻度时,将旁压器中腔的中点位置放在与量管水位相同的高度,记下初读数。随后逐级加压,每级压力增量为 10kPa,使弹性膜自由膨胀,量测每级压力下的量管水位下降值,直到量管水位下降值接近 40cm 时停止加压。根据记录绘制压力与水位下降值的关系曲线,即弹性膜约束力标定曲线。s 轴的渐近线所对应的压力即为弹性膜的约束力 p_i(图 7-2)。

(2)仪器综合变形的标定:由于旁压仪的调压阀、量管、导管、压力计等在加压过程中均会产生变形,造成水位下降或体积损失,这种水位下降值或体积损失称为仪器综合变形。仪器综合变形的标定方法是:将旁压器放进有机玻璃管或钢管内,使旁压器在受到径向限制的条件下进行逐级加压,加压等级为 100kPa,直到达到旁压仪的额定压力为止。根据记录的压力 p 和量管水位下降值 s 绘制 $p-s$ 曲线,曲线上直线段的斜率 $\Delta s/\Delta p$ 即为仪器综合变形校正系数 α(图 7-3)。

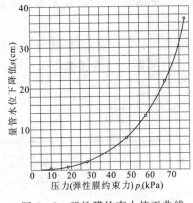

图 7-2 弹性膜约束力校正曲线

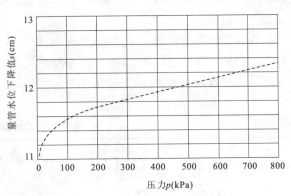

图 7-3 仪器综合变形校正曲线

2) 成孔要求

旁压实验钻孔要保证成孔质量，钻孔要直，孔壁要光滑，防止孔壁坍塌。钻孔直径宜比旁压器略大(一般大 2~8mm)，孔深应比预定最终实验深度略深(一般深 20~40cm)，以保证旁压器下腔在受压膨胀时有足够的空间，使它和上腔同步。钻孔成孔后宜立即进行实验，以免缩孔和塌孔。对易坍塌的钻孔，宜采用泥浆护壁。

3) 实验点布置

实验点应布置在有代表性的位置和深度，旁压器的量测腔应在同一土层内，满足两个实验点间的竖向距离不小于 1.0m 或不小于旁压器膨胀段长度的 1.5 倍距离；实验孔与已有钻孔的水平距离不宜小于 1.0m。场地同一实验土层内的实验点总个数应满足统计数据的要求(一般不宜少于 6 个点)。

4) 实验步骤

(1) 钻进成孔。

(2) 充水。将旁压器置于地面上，打开水箱阀门，使水流入旁压器的中腔和上、下腔，并分别回返到量管中。待量管中的水位升到一定高度时，提起旁压器使中腔的中点与量管的水位相齐平(此时旁压器内不产生静水压力，不会使弹性膜膨胀)，然后关闭阀门。此时记录的量管水位值即是实验初读数。

(3) 放置旁压器。将旁压器放入钻孔中预定实验位置，将量管阀门打开，此时旁压器内产生静水压力，并记录量管中的水位下降值。静水压力可按下式计算。

无地下水时： $p_w = (h_0 + Z)\gamma_w$ (7-1)

有地下水时： $p_w = (h_0 + h_w)\gamma_w$ (7-2)

式中：p_w——静水压力，kPa；

h_0——量管水面离孔口的高度，m；

Z——地面至旁压器中腔中间的距离(即旁压实验点的深度)，m；

h_w——地下水位深度，m；

γ_w——水的重度，kN/m³。

(4) 加压。加压时首先打开高压氮气瓶开关，同时观测压力表，控制氮气瓶输出压力不超过减压阀额定标准，然后操纵减压阀旋柄按要求逐级加压，从压力表读取压力值，并记录一定压力时的量管中水位变化高度。

加压等级包括加压级数和加压增量,取决于实验目的、土层特点、资料整理及成果判释方法和旁压仪精度。根据绘制旁压曲线的要求,加压等级可采用预计临塑压力的 1/7~1/5,初始阶段加荷等级可取小值,必要时,可作卸荷再加荷实验,测定再加荷旁压模量。

(5)每级压力的稳定时间。每级压力下的相对稳定时间标准可采用 1min 或 3min,对一般黏性土、粉土、砂土等宜采用 1min,对饱和软黏土宜采用 3min。当采用 1min 的相对稳定时间标准时,在每级压力下,测读 15s、30s、60s 的量管水位下降值,并在 60s 读数完后即施加下一级压力,直到实验终止。当采用 3min 的相对稳定时间标准时,在每级压力下,测读 1min、2min、3min 的量管水位下降值,并在 3min 的读数完后即施加下一级压力,直到实验终止。

(6)实验终止条件。应根据实验目的和旁压仪的极限实验能力(体积、压力)来确定。当以测定土体变形参数为目的时,实验压力过临塑压力 p_f 后即可结束实验;当以测定土体强度参数为目的时,则当量测腔的扩张体积相当于量测腔固有体积时,或压力达到仪器的允许最大压力时,应终止实验。对于后一种情况,不同型号的旁压仪有不同的实验终止条件,对国产 PY_{2-A}、PY_{3-2} 型旁压仪,当量管水位下降超过 36cm 时,应立即终止实验;对 GA 型旁压仪,当某级压力下 60s 和 30s 的体积读数差值 $V_{60''}\sim V_{30''}$ 大于 50cm³ 时,或量管读数大于 550~600cm³ 时,即应终止实验。实验结束后,排除旁压器内的水使弹性膜恢复原状,2~3min 后取出旁压仪,移下一个实验点进行实验。

5. 资料整理

1)压力和变形量的校正

(1)压力校正可按下式计算:

$$p = p_m + p_w - p_i \tag{7-3}$$

式中:p——校正后的压力,kPa;

p_m——压力表读数,kPa;

p_w——静水压力,kPa,可按式(7-1)或式(7-2)计算;

p_i——弹性膜约束力,kPa,根据图 7-2 确定。

(2)变形量校正可按下式计算:

$$s = s_m - (p_m + p_w)\alpha \tag{7-4}$$

式中:s——校正后的水位下降值,m;

s_m——量管水位下降值,m;

α——仪器综合变形系数,m³/kN。

2)绘制旁压实验曲线

根据校正后的压力和水位下降值绘制 $p\text{-}s$ 曲线,或根据校正后的压力和体积绘制 $p\text{-}V$ 曲线(图 7-4)。

3)特征值的确定

(1)初始压力(p_0)的确定:旁压实验曲线直线段延长与 V 轴的交点为 V_0(或 s_0),由该交点作与 p 轴的平行线相交于曲线的点所对应的压力即为 p_0 值。

(2)临塑压力(p_f)的确定:旁压实验曲线直线段的终点,即直线与曲线的第二个切点所对应的压力即为 p_f 值。

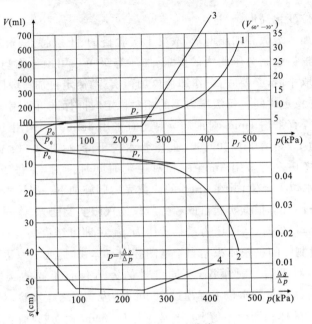

图 7-4 旁压实验曲线

1. $p-V$ 曲线；2. $p-s$ 曲线；3. $p-V_{60''-30''}$ 曲线；4. $p-\dfrac{\Delta s}{\Delta p}$ 曲线

(3)极限压力(p_L)的确定：旁压实验曲线过临塑压力后，趋向于 s 轴的渐近线的压力即为 p_L 值，或 $V=V_c+2V_0$（V_c 为中腔固有体积，V_0 为孔穴体积与中腔初始体积的差值）时所对应的压力作为 p_L 值。

以上用作图法确定特征值的方法见图 7-4。

6. 成果应用

1）计算地基土承载力

根据旁压实验特征值计算地基土承载力。

临塑荷载法

$$f_{ak}=p_f-p_0 \tag{7-5}$$

极限荷载法

$$f_{ak}=\frac{p_L-p_0}{F_s} \tag{7-6}$$

式中：f_{ak}——地基土承载力特征值，kPa；

F_s——安全系数，一般取 2～3，也可根据地区经验确定。

对于一般土宜采用临塑荷载法，对旁压实验曲线过临塑压力后急剧变陡的土宜采用极限荷载法。

2）计算旁压模量

$$E_M=2(1+\mu)(V_c+V_m)\frac{\Delta p}{\Delta V} \tag{7-7}$$

式中：E_M——旁压模量，kPa；

μ——泊松比；

Δp——旁压实验曲线上直线段的压力增量，kPa；

ΔV——相应于 Δp 体积增量（由量管水位下降值 s 乘以量管水柱截面积 A 得到），cm³；

V_c——旁压器中腔固有体积，cm³；

V_m——平均体积，cm³，$V_m=(V_0+V_f)/2$，V_0 为对应于 p_0 值的体积，cm³；V_f 为对应于 p_f 值的体积，cm³。

3）计算变形模量和压缩模量

(1)旁压模量与变形模量的关系。

机械部勘察研究院通过大量实际数据的研究分析，提出可以用下列公式求得土的变形模量。

$$E_0 = K \cdot E_M \tag{7-8}$$

式中：E_0——土的变形模量，kPa；

E_M——按式(7-7)计算的旁压模量，kPa；

K——变形模量与旁压模量的比值。

对于黏性土、粉土和砂土

$$K = 1 + 61.1 m^{-1.5} + 0.0065(V_0 - 167.6) \tag{7-9}$$

对于黄土类土

$$K = 1 + 43.77 m^{-1} + 0.005(V_0 - 211.9) \tag{7-10}$$

不区分土类时

$$K = 1 + 25.25 m^{-1} + 0.0069(V_0 - 158.5) \tag{7-11}$$

式中：V_0——对应于 p_0 值的旁压器中腔的体积，cm³；

m——旁压模量与旁压实验静极限压力的比值。

$$m = \frac{E_M}{p_L - p_0} \tag{7-12}$$

式中：p_L——旁压实验极限压力，kPa；

p_0——旁压实验的初始压力，kPa。

为偏于安全，当 $m \leq 6$ 时，取 $K=5$ 为极限值。

(2)旁压变形参数与变形模量和压缩模量的关系。

铁道部科学研究院西北所等单位提出用旁压变形参数计算土的变形模量和压缩模量。

旁压变形参数按式(7-13)计算

$$G_m = V_m \cdot \frac{\Delta p}{\Delta V} \tag{7-13}$$

式中：G_m——旁压变形参数，kPa；其余项的意义同式(7-7)。

土的变形模量和压缩模量可按下式计算

$$E_0 = K_1 G_m \tag{7-14}$$

$$E_s = K_2 G_m \tag{7-15}$$

式中：E_0——土的变形模量，kPa；

E_s——压力为 100～200kPa 的压缩模量，kPa；

K_1、K_2——比值，按表 7-2 确定。

表 7-2　K_1、K_2 比值

模量	土类	比值	适用条件
变形模量 E_0	新黄土	$K_1=5.3$	$G_m \leqslant 7\times 10^3 \text{kPa}$
	黏性土	$K_1=2.9$	硬塑—流塑
		$K_1=4.8$	硬塑—半坚硬
压缩模量 E_s	新黄土	$K_2=1.8$	$G_m \leqslant 10\times 10^3 \text{kPa}$, $Z \leqslant 3\text{m}$
		$K_2=1.4$	$G_m \leqslant 15\times 10^3 \text{kPa}$, $Z > 3\text{m}$
	黏性土	$K_2=2.5$	硬塑—流塑
		$K_2=3.5$	硬塑—半坚硬

注：Z 为深度。

二、自钻式旁压实验

1. 实验原理及目的

自钻式旁压实验（SBPMT）把成孔和旁压器的放置、定位、实验一次完成，可测求地基承载力、变形模量、原位水平应力、不排水抗剪强度、静止侧压力系数和孔隙水压力等。与预钻式旁压实验相比，自钻式旁压实验消除了预钻式旁压实验中由于钻进使孔壁土层所受的各种扰动和天然应力的改变，因此，实验成果比预钻式旁压实验更符合实际。

2. 适用范围

自钻式旁压实验主要适用于黏性土、粉土、砂土和饱和软土。

3. 仪器设备

国内使用的自钻式旁压仪有英国剑桥自钻式旁压仪、建设综合勘察研究设计院的 MIM-A 型自钻式旁压仪和华东电力设计院的 PYHL-1 型自钻式旁压仪。自钻式旁压仪的类型和结构特征见表 7-3。

表 7-3　自钻式旁压仪常见类型和结构特征

国家	型号	加压和测试方法	主要部件规格				量管横断面积 (cm^2)	导管	允许极限压力 ($\times 10^3 \text{kPa}$)
			旁压器						
			室型	直径 (mm)	中腔长度 (mm)	总长度 (mm)			
中国	PYHL-1	用水加压，用量管及液位传感器测变形	1	90	200	980	26.4	1010 尼龙管	2.5
	MIM-A	用高压气体加压，用电阻应变式传感器测变形	1	90	650	1100		气电耦合管路	0.4 1.2 2.5
英国	Cambrige Insitu Camkometer	气体加压，用压力传感器或利用气体压力腔和外界压力接触平衡法测压力，用带有弹簧和电阻应变计的杠杆测变形	1	82.86		1175		电缆 尼龙管	0.75
法国	Mazieer PAF-76	用水加压，用计量表测读注水量，用传感器或压力表测读压力	1	132	500	1500~2000		尼龙软管 PL-213 型 SAE1 (OR1 1/2")	2.5

各类自钻式旁压仪原理大同小异,一般自钻式旁压仪由旁压探头(包括钻进器和旁压器)、钻进器驱动装置及泥浆循环系统、压力控制系统和数据采集系统几部分组成。现以英国剑桥自钻式旁压仪为例,对仪器结构进行介绍。

(1)拖装式钻机:采用液压传动,正循环水钻,可以把旁压器钻入30~50m。它由柴油机、双联液压泵、液压马达、氮气瓶等组成。

(2)旁压器有膨胀型和压力盒型两种。

膨胀型旁压器:外面装有弹性膜和铠装护套的柱状钢筒。在金属筒上每隔120°分布一个杠杆式应变臂,由片弹簧与弹性膜保持接触。每个片弹簧上贴有电阻应变片,它能准确量测杠杆式应变臂的移动和弹性膜的径向位移。供给弹性膜膨胀的气体压力和与弹性膜接触的土的孔隙水压力由旁压器内部的电子传感器量测。其信号通过多芯电缆送到地面。

压力盒型旁压器:金属筒外部分布了四个灵敏的刚性压力盒。盒内装有应变传感器,其中两个用来量测水平应力,两个用来测求孔隙水压力。旁压器内部有一个压力盒用以量测总压力。

在旁压器底部装有管靴和回转切削器。

(3)电子仪器:由电子箱、应变控制装置、数据捕获装置和打印机组成。它的主要功能是把旁压器传出的信号经过电子箱放大,通过数据捕获装置检索变成数字信号,输送给打印机打印出数字。

(4)压力控制板:由高压表、低压表、调压阀、开关和快速接头等组成。

4.实验工作及要求

1)仪器标定

实验前应进行压力盒的标定、应变臂的标定和弹性膜约束力的标定。

2)钻进要求

(1)旁压器钻进过程中必须缓慢、平稳,土进入管靴后靠回转钻头将土切碎,利用水冲洗液把泥浆冲到地面。

(2)旁压器在钻进中,贯入速率与回转速率必须保持一致。

(3)要防止回水管堵塞。回水管堵塞后循环水将从旁压器外部流出,冲洗孔壁使孔径增大,原位应力释放,导致实验失败。

(4)在钻进中为防止土层受扰动和回水管堵塞,可根据土层性质调整切削器的距离。调整时可参考表7-4。

5.实验类型

1)膨胀型旁压实验

根据地基土的性质可选择不同的加荷方式:对一般土可采用应力控制方式;对饱和软土可采用应变控制方式。

(1)应力控制方式的实验程序:①使应力控制板上的调压阀完全处于非工作状态,并打开氮气瓶使气瓶上的调压阀给出合适的压力;②使旁压器与压力控制板、电子箱连接;③根据土层性质确定合适的加荷等级;④检查电瓶电压;⑤使旁压器中三个应变臂电路读数接近零,并记录初读数;⑥按加压规定时间间隔读出应变、有效应力和总应力,然后调整调压阀加下一级荷载,直至达到10%应变值为止。

表 7-4 切削器调整距离 D

地层性质	指标性质	调整距离
黏 性 土	C_u(kPa)	D(mm)
非常坚硬的	>150	3～5
坚硬的	100～150	
坚硬—硬塑的	75～100	5～8
硬塑的	50～75	
硬塑—软塑的	40～50	8～15
软塑的	20～40	
很软的	<20	20
砂 土	N	
非常密实的	>50	6
密实的	30～50	10
中密的	10～30	
松散的	4～10	20
很松的	<4	

(2)应变控制方式的实验程序:①根据土的性质和实验类型(排水的或不排水的),选择适宜的常量应变率;②根据土的性质选择合适的压力率。压力率分 5 档,1 档适用于很软的黏性土,5 档适用于很硬的黏性土;③开始实验时,先把应变和压力调到零;④根据设计所需的时间间隔读取应变值;⑤当达到 10% 应变值时应终止实验。

采用应变控制方式进行实验时,要借助应变控制装置。它采用特殊的电磁阀自动调节旁压器内部压力,使钻孔壁径向变形率保持常量。常量应变率为每分钟或每小时 0.1%、0.2%、0.5%、1.0%、2.0% 等几档。

2)压力盒型旁压实验

A. 实验程序

(1)气源联接到旁压器使其内部压力升高,直到从两个压力盒获得一个小的负输出值。这时孔隙水压力盒将给出较大的负输出值。

(2)压力值稳定后,立即记下压力盒和孔隙水压力盒的输出值。

(3)降低气体压力直到两个压力盒输出值趋于正值,孔隙水压力盒读数仍为负值。

(4)再次记录四个压力盒的输出值。

B. 资料整理和成果应用

(1)绘制曲线。绘制曲线包括:①经应力、应变校正后,绘制应力与应变(p-ε)曲线;②绘制应力与应变的倒数(p-$1/\varepsilon$)曲线;③绘制剪应力与应变(τ-ε)曲线。

作图方法如下(图 7-5):从旁压曲线 p-ε 曲线上任选一点 E,作切线交 p 轴于 G,则 E、G 两点在 p 轴上的差值,即为

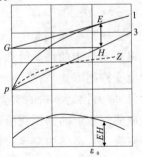

图 7-5 p-ε 曲线

EH,求出 $p\text{-}\varepsilon$ 曲线上各点(至少选择三点)的 EH,作 $EH\text{-}\varepsilon$ 曲线。此曲线即为剪切强度与应变($\tau\text{-}\varepsilon$)曲线。

(2)确定地基土承载力。确定地基土承载力的方法有:①极限压力法,取 $p\text{-}1/\varepsilon$ 曲线与 p 轴相交的压力作为极限压力,除以一定的安全系数(一般取 3)即为地基承载力;②临塑压力法,取 $p\text{-}\Delta\varepsilon$ 曲线上的转折点为临塑压力 p_f,并减去原位水平应力 σ_h 和弹性膜约束力 P_i 即为地基承载力。

(3)计算弹性模量。①根据初始剪切模量 G_i 计算:旁压器弹性膜膨胀以后的 $p\text{-}\varepsilon$ 曲线初始线性段的斜率为 $2G_i$,则可由下式计算弹性模量

$$E_i = 2(1+v)G_i \qquad (7-16)$$

②根据 Lame 解答计算

$$E_{cp} = (1+v)r\frac{\Delta p}{\Delta r} \qquad (7-17)$$

式中:E_{cp}——平均弹性模量,kPa;

r——旁压器半径,cm;

Δp——压力增量,kPa;

Δr——与 Δp 相应的径向位移增量,cm。

(4)测求原位水平应力。旁压器弹性膜开始膨胀,孔壁刚刚开始产生径向应变时膜套外所承受的压力即为土的原位水平应力 σ_h。

(5)确定不排水抗剪强度。取 $\tau\text{-}\varepsilon$ 曲线的峰值即为不排水抗剪强度 c_u 或 S_u。

(6)计算侧压力系数和孔隙水压力。侧压力系数 K_0 为原位水平有效应力 σ_h' 与有效覆盖压力 σ_v' 之比,即

$$K_0 = \frac{\sigma_h'}{\sigma_v'} \qquad (7-18)$$

其中 σ_h' 和 σ_v' 可由下式求得。

地下水位以上时

$$\sigma_h' = \sigma_h, \quad \sigma_v' = \gamma h \qquad (7-19)$$

地下水位以下时

$$\sigma_h' = \sigma_h - u, \quad \sigma_v' = \gamma h_1 + \gamma' h_2 \qquad (7-20)$$

式中:γ——土的重度,kN/m³;

γ'——土的水下重度,kN/m³;

h——实验深度,m;

h_1——地下水位埋深,m;

h_2——实验段到地下水位的距离,m;

u——孔隙水压力,$u = \sigma_h - \sigma_h'$,kPa。

实验八　扁铲侧胀实验

主题词：扁铲侧胀实验(DMT)；扁胀指数(也称材料指数)；水平应力指数；侧胀模量(也称扁胀模量)；孔隙水压力指数(简称孔压指数)；静水压力；实验点有效上覆土压力

扁铲侧胀实验(DMT)是岩土工程勘察中的一种新兴的原位测试方法，实验时将接在探杆上的扁铲测头压入至土中预定深度，然后施压，使位于扁铲测头一侧面的圆形钢膜向土内膨胀，量测钢膜膨胀三个特殊位置(A、B、C)的压力，从而获得多种岩土参数。此方法适用于软土、一般黏性土、粉土、黄土和松散—中密的砂土。在密实的砂土、杂填土和含砾土层中，因膜片容易损坏，故一般不宜采用。

一、扁铲侧胀实验的设备

1. 扁铲测头

扁铲测头为板状，呈楔形，如一把铲子，由高强度不锈钢制成。其尺寸为：厚 14～16mm，宽 94～96mm，长 230～240mm，探头前缘刃角 12°～16°。

圆形不锈钢薄膜片直径为 60mm，厚约 0.2mm，平装在测头的一侧板面上，膜片内侧设置一套感应盘机构，控制膜片三种特殊位置的状态。

扁铲测头不允许明显弯曲，在平行于轴线长 150mm 直边内，弯曲度应在 0.5mm 内；贯入前缘偏离轴线不允许超过 2mm。

2. 测控箱和率定附件

测控箱内装气压控制管路、电路及各种指示开关。主要作用是控制实验时的压力和指示膜片三个特定位置时的压力量并传送膜片达到特定位移量时的信号。

蜂鸣器和检流计应在扁铲测头膜片膨胀量小于 0.05mm 或大于等于 1.10mm 时接通，在膜片膨胀量大于等于 0.05mm 或小于 1.10mm 时断开。

测控箱由 1m 长的气-电管路、气压计、校正器等率定附件组成的率定装置，不仅可精确地测定膜片膨胀位置是否符合标准，还可对膜片进行率定和老化处理。

3. 气-电管路

气-电管路由厚壁、小直径、耐高压的尼龙管，内贯穿铜质导线，两端装有专用连通触头的接头组成，直径最大不超过 12mm，具有小巧、连接可靠、牢固、耐用的特性，为 DMT 输送气压和准确地传递特定信号。

用于测试的气-电管路每根长 25m，用于率定的气-电管路长 1m。配有特制的连接接头，可将 2 根以上的气-电管路连接，并保持气-电管路的通气、通电性能。

4. 压力源

DMT-W1 仪器实验用高压钢瓶的高压气作为压力源，气体必须是干燥的空气或氮气。

一只充气 $15×10^3$ kPa 的 10L 气瓶,在使用中等密度土和 25m 长管路的实验中,一般可进行约 1000 个测点(约 200m)。耗气量需随土质密度和管路长度的增加而增大。

5. 贯入设备

贯入设备就是将扁铲测头送入预定实验土层的机具。目前,在一般的土层中,是利用静力触探机具来贯入。而在较坚硬的黏性土或较密实的砂层中,则利用标准贯入实验机具来贯入。实验中的贯入力可用以确定砂土摩擦角等岩土参数,因此,实验时最好有测定贯入力的装置。从目前的情况来看,以静探设备压入测头较理想,应优先选用。扁铲测头的贯入速率与静探探头的贯入速率一致,即 1.2m/min 左右。

二、现场实验

扁铲侧胀实验的技术要求应符合下列规定:扁铲测头在每个孔的实验前后必须率定,标准型膜片合格的率定值一般为 $\Delta A=5\sim25$ kPa, $\Delta B=10\sim110$ kPa,当实验的主要土层为软黏性土时,率定值宜为 $\Delta A=10\sim20$ kPa, $\Delta B=10\sim70$ kPa,取实验前后的平均值作为修正值。

(1)实验宜采用静力均速将探头压入土中,贯入速率约为 2cm/s,实验间距一般可取 20~50cm,但用于判别液化时,实验间距不应大于 20cm。

(2)到达测试点,应在 5s 内开始匀速加压及泄压实验,测读钢膜片中心外扩 0.05mm、1.10mm 时的压力 A 和 B 值,每个间隔时间约为 15s;也可根据需要测读钢膜片中心外扩后恢复到 0.05mm 时的压力 ΔC 值,砂土宜在 30~60s 内完成、黏性土宜在 2~3min 内完成;A 和 B 的值必须满足 $A+B>\Delta A+\Delta B$。

扁铲消散实验,可在需测试的深度,测读 A 或 C 随时间的变化值。测读时间可取 1min、2min、4min、8min、15min、30min、60min、90min,以后每 60min 测读一次,直至消散大于 50%。

三、实验资料整理

经过上述测试后,得出膜片在三个特殊位置上的压力值,即 A、B、C。在数据整理前,首先应检查"$B-A\geqslant\Delta A+\Delta B$"是否成立。若不能成立,则应检查仪器并对膜片重新进行率定或更换后重新实验。

(1)由 A、B、C 值经膜片修正系数的修正后可分别得出 P_0、P_1、P_2 值:

$$P_0=1.05(A-Z_m+\Delta A)-0.05(B-Z_m-\Delta B) \qquad (8-1)$$

$$P_1=B-Z_m-\Delta B \qquad (8-2)$$

$$P_2=C-Z_m+\Delta A \qquad (8-3)$$

式中:Z_m——未加压时仪表的压力初读数,在 DMT-W1 型扁铲侧胀仪中,因数显示仪表本身有调零装置,故不考虑 Z_m 值的影响,即 $Z_m=0$;

P_0——土体水平位移 0.05mm(即 A 点)时,土体所受的侧压力;

P_1——土体水平位移 1.10mm(即 B 点)时,土体所受的侧压力;

P_2——恢复初始状态(即 C 点)时,土体所受的侧压力;

ΔA——率定时钢膜片膨胀至 0.05mm 时的实测气压值,$\Delta A=5\sim25$ kPa;

ΔB——率定时钢膜片膨胀至 1.10mm 时的实测气压值,$\Delta B=10\sim110$ kPa。

根据上述参数,分别绘制 P_0、P_1、ΔP(即 P_1-P_0)与深度 H 的变化曲线。由于扁铲实验点的间距为0.2m,因此各实验孔的P_0-H曲线、P_1-H曲线和$\Delta P-H$曲线就是较完整的连续曲线,$\Delta P-H$曲线与静探曲线非常一致。

(2)根据P_0、P_1和P_2值由式(8-4)至式(8-7)计算四个实验指标:

$$I_D = (P_1 - P_0)/(P_0 - U_0) \tag{8-4}$$

$$K_D = (P_0 - U_0)/\sigma_{vo} \tag{8-5}$$

$$E_D = 34.7(P_1 - P_0) \tag{8-6}$$

$$U_D = (P_2 - u_2)/(P_0 - u_0) \tag{8-7}$$

式中:I_D——扁胀指数(也称材料指数);

K_D——水平应力指数;

E_D——侧胀模量(也称扁胀模量),kPa;

U_D——孔隙水压力指数(简称孔压指数);

u_0——静水压力;

σ_{vo}——实验点有效上覆土压力。

根据上述实验指标,可判断土的特性,同时通过以上公式与岩土参数建立一系列关系,从而用于岩土工程设计,如:I_D、U_D可划分土类;K_D反映了土的水平应力,K_D越大,说明土的固结及密实度越好;E_D反映了土的固结特性等。

四、成果应用

根据实验值及实验指标,按地区经验可划分土类,确定黏性土的状态,计算静止侧压力系数、超固结比OCR、不排水抗剪强度、变形参数,进行液化判别等。

1. 用I_D划分土类

1980年,意大利的Marchetti提出了依据材料指数I_D来划分土类。

$I_D \leqslant 0.6$时为黏性土,$0.6 \leqslant I_D \leqslant 1.8$为粉土,$I_D > 1.8$为砂土。具体见表8-1。

表8-1 用I_D划分土类

材料指数I_D	0.1	0.35	0.6	0.9	1.2	1.8	3.3
土层名称	泥炭及灵敏性黏土	黏土	粉质黏土	黏质粉土	粉土	砂质粉土	粉砂土	砂土

实践证明,根据表8-1划分土类,与土工实验及静探成果相比,基本一致。但是由于各地区的土性不完全相同,因此在具体用I_D来划分土类时,应结合本地区的土质情况和经验,对表8-1作适当修正,这样才能更符合当地实际情况。如:在上海地区,黏土和粉质黏土分界值约为0.29,黏质粉土与砂质粉土的分界值约为1.0,砂质粉土与粉砂的分界值约为3.0。

2. 静止侧压力系数k_0

扁铲测头贯入土中,对周围土体产生挤压,故不能由扁胀实验直接测定原位初始侧向应力。可通过经验建立静止侧压系数k_0与水平应力指数K_D的关系式。经验公式最早也是由意大利的Marchetti于1980年提出。

$$k_0 = \left(\frac{K_D}{1.5}\right)^{0.47} - 0.6 \quad (I_D < 1.2) \tag{8-8}$$

后经 Lunne 等的补充,在 1989 年又提出下列公式。

对新近沉积的黏土
$$k_0 = 0.34 K_D^{0.54} \quad (C_u/\sigma_{vo} \leqslant 0.5) \tag{8-9}$$

对老黏土
$$k_0 = 0.68 K_D^{0.54} \quad (C_u/\sigma_{vo} > 0.8) \tag{8-10}$$

还有人根据挪威实验资料提出
$$k_0 = 0.35 K_D^m \quad (k_0 < 4) \tag{8-11}$$

式中:m——系数,对高塑性黏土 $m=0.44$,对低塑性黏土 $m=0.64$。

但是上述公式在不同地区是不同的,具体使用时应进行修正。如上海地区根据已有工程经验,对淤泥质黏土的修正:$k_0 = 0.34 K_D^n$,其中 n 的取值为淤泥质粉质黏土取 0.44,淤泥质黏土取 0.60。对褐黄色硬壳层和粉土、砂土的修正:$k_0 = 0.34 K_D^n - 0.06 K_D$,其中 n 的取值为褐黄色硬壳层取 0.54,粉土和砂土取 0.47。

3. 超固结比 OCR

利用 K_D 可以计算土的超固结比 OCR:

若 $I_D < 1.2$,则 $OCR = (0.5 K_D)^{1.56}$ (8-12)

若 $I_D > 2.0$,则 $OCR = (0.67 K_D)^{1.91}$ (8-13)

若 $1.2 < I_D < 2.0$,则 $OCR = (m K_D)^n$ (8-14)

式中,$m = 0.5 + 0.17 P$,$n = 1.56 + 0.35 P$。而 $P = (I_D - 1.2)/0.8$。

若 $OCR < 0.3$,说明已超出修正范围,应予以注明。另外,还有人提出另一种计算公式。

对新近沉积的黏土
$$OCR = 0.3 K_D^{1.17} \quad (C_u/\sigma_{vo} < 0.8) \tag{8-15}$$

对老黏土
$$OCR = 2.7 K_D^{1.17} \quad (C_u/\sigma_{vo} \geqslant 0.8) \tag{8-16}$$

4. 不排水抗剪强度 C_u

1980 年,Marchetti 提出了利用 K_D 计算 C_u 的经验公式
$$C_u = 0.22 (K_D/2)^{1.25} \sigma_{vo} \tag{8-17}$$

但此式只在 $I_D < 1.2$ 时使用,若 $I_D \geqslant 1.2$,土体无黏性,不需计算 C_u 值。

1988 年,Lacasse 和 Lunne 用现场十字板实验、室内单剪实验和三轴压缩实验对上式进行了验证,结果如下所示。

现场十字板
$$C_u = (0.17 \sim 0.21)(K_D/2)^{1.25} \sigma_{vo} \tag{8-18}$$

室内单剪
$$C_u = 0.14 (K_D/2)^{1.25} \sigma_{vo} \tag{8-19}$$

室内三轴压缩
$$C_u = 0.2 (K_D/2)^{1.25} \sigma_{vo} \tag{8-20}$$

实践证明,用扁铲侧胀实验计算得出的 C_u 与现场十字板、室内单剪及室内三轴压缩得出的 C_u 很接近,有很大的实用价值。在上海地区,对于公式 $C_u = 0.22 (K_D/2)^{1.25} \sigma_{vo}$,$I_D > 0.35$ 的土层计算得出的 C_u 值要比实际偏小,因此有人对该式进行了修正。当 $I_D > 0.35$ 时,$C_u =$

$0.22(K_D/2)^{1.25}\sigma_{vo} + 60(I_D - 0.35)$。若 $I_D < 0.35$,则 I_D 取 0.35。

5. 土的变形参数

1)压缩模量 E_s 的计算公式

$$E_s = R_m E_D \tag{8-21}$$

式中:E_D——侧胀模量;

R_m——与水平应力指数 K_D 有关的函数,具体如下:

当 $I_D \leqslant 0.6$, $R_m = 0.14 + 2.361 K_D$

$I_D \geqslant 3.0$, $R_m = 0.5 + 2 \lg K_D$

$0.6 < I_D < 3.0$, $R_m = R_{mo} + (2.5 - R_{mo}) \lg K_D$,其中,$R_{mo} = 0.14 + 0.15(I_D - 0.6)$

$I_D > 10$, $R_m = 0.32 + 2.18 \lg K_D$

一般情况下,$R_m \geqslant 0.85$。若按上述公式计算出的 $R_m < 0.85$,则取 $R_m = 0.85$。

2)弹性模量 E 的计算公式

$$E = F E_D \tag{8-22}$$

式中:F——经验系数,见表 8-2。

表 8-2 经验系数 F

土 类	E	F
黏 性 土	E_i	10
粉 土	E_i	2
砂 土	E_{25}	1
NC 砂土	E_{25}	0.85
OC 砂土	E_{25}	3.5
重超固结黏土	E_i	1.5
黏 性 土	E_i	0.4~1.1

注:E_i 为初始切线模量;E_{25} 为达到 25% 破坏应力时的割线模量。

6. 水平固结系数 C_h

可以用扁铲实验时的 A 压力或 C 压力来分别估算 C_h 值。

1)由 A 压力的消散实验,绘制 $A - \lg t$(压力-时间)曲线,在曲线上找相应反弯点的时间 t_f,则水平固结系数为

$$C_h = X/t_f \tag{8-23}$$

式中:X——常数值,一般在 5~10 之间。

由 t_f 值还可以评定固结速率的快慢,见表 8-3。

表8-3 反弯点时间 t_f

t_f(min)	<10	10~30	30~80	80~200	>200
固结速率	极快	快	中等	慢	极慢

2)根据 C 压力的读数,绘制 $C\text{-}(t)^{1/2}$ 曲线,由曲线确定相应 C 消散 50% 的时间 t_{50},则

$$C_h = 600(T_{50}/t_{50}) \tag{8-24}$$

式中:T_{50}——孔压消散 50% 的时间因素,min,见表8-4。

表8-4 孔压消散 50% 的时间因素(T_{50})

E/C_u	100	200	300	400
T_{50}(min)	1.1	1.5	2.0	2.7

以扁铲侧胀实验的结果,由上式确定的 C_h,扁胀测头压入土体相当于再加荷(初始阶段),因此,要确定现场的水平固结系数 C_{hf},还须按式(8-25)进行修正。修正系数见表8-5。

$$C_{hf} = C_h/\alpha \tag{8-25}$$

表8-5 修正系数 α

土的固结历史	正常固结	正常超固结	低超固结	重超固结
α	7	5	3	1

7. 水平向基床反力系数 K_H

$$K_H = \Delta p/\Delta s \tag{8-26}$$

式中:Δp、Δs——分别为 DMT 的压力增量和相对应的位移增量。

当考虑 Δs 为平面变形量时,其值为 2/3 中心位移量。把扁铲实验的应力和变形用双曲线拟合时,土的水平向初始切线基床系数为

$$K_{H0} = 955\Delta p \tag{8-27}$$

实际工程中的 K_H 往往处于弹-塑性阶段或塑性阶段的应力状态,故式(8-26)估算值偏大很多,实际应用时需根据不同应力条件、土性、工况及变形量乘以不同的修正系数加以修正。如上海地区在基坑中修正系数参考值取 0.1~0.4 时,与实际工程经验值较接近。

8. 地基土承载力

$$f_0 = n\Delta p \tag{8-28}$$

式中:f_0——地基土的计算强度,kPa;

n——经验修正系数,黏土取 1.14(相对变形约 0.02),粉质黏土取 0.86(相对变形约 0.015)。

9. 液化判别

1)当实测扁铲水平应力指数 K_D 小于临界水平应力指数 K_{Dcr} 时,判为不液化土。反之,则判为液化土。土类指数 I_D 作为粉土的液化特征指标。土的临界水平应力指数 K_{Dcr} 为

$$K_{Dcr}=K_{D0}\left[0.8-0.04(d_s-d_w)-\frac{d_s-d_w}{a+0.9(d_s-d_w)}\right]\left(\frac{3}{14-4I_D}\right)^{1/2} \quad (8-29)$$

式中：K_{D0}——液化临界水平应力指数基准值，在地震烈度为 7 度且地震加速度 $a=0.1g$ 时取 2.5；

d_s——实测水平应力指数所代表的深度，m；

d_w——地下水位深度，可采用常年地下水位平均值，m；

a——系数，根据地下水位深度按表 8-6 取值。

表 8-6 系数 a 值

d_w(m)	0.5	1.0	1.5	2.0
a 值	1.2	2.0	2.8	3.6

当土类指数 $I_D \leqslant 1.0$ 时，为黏质粉土及黏性土；当地震烈度为 7 度时，为不液化土；当 $I_D > 2.7$ 时，I_D 取 2.7。

2）对可液化土层，应按下式计算可液化土层的液化强度比 F_{le}

$$F_{le}=\frac{K_D}{K_{Dcr}} \quad (8-30)$$

液化指数的计算方法与标贯实验计算液化的方法相同，参见《工程地质手册》（第四版）第 600～601 页。

主要参考文献

陈仲颐,周景星,王洪瑾. 土力学[M]. 北京:清华大学出版社,1994.

东南大学,浙江大学,湖南大学,等. 土力学[M]. 2版. 北京:中国建筑工业出版社,2005.

方云,林彤,谭松林. 土力学[M]. 武汉:中国地质大学出版社,2002.

国家质量技术监督局,中华人民共和国建设部. 土工实验方法标准(GB/T50123—1999)[M]. 北京:中国计划出版社,1999.

《工程地质手册》编委会. 工程地质手册[M]. 4版. 北京:中国建筑工业出版社,2007.

建设部综合勘察研究设计院. 建筑岩土工程勘察基本术语标准(JTJ84—92)[M]. 北京:中国建筑工业出版社.1992.

李智毅,唐辉明. 岩土工程勘察[M]. 武汉:中国地质大学出版社,2003.

马淑芝,孟高头,汤艳春,等. 孔压静力触探测试机理方法及工程应用[M]. 武汉:中国地质大学出版社,2007.

孟高头. 土体原位测试机理、方法及其工程应用[M]. 北京:地质出版社,1997.

聂良佐. 原状土结构损伤重塑后强度、变形和渗透变化机理研究[J]. 岩土工程界,2008(27).

聂良佐. 重塑土的物理力学特性实验参数的影响因素分析[J]. 实验技术与管理,2007(24).

中华人民共和国建设部. 岩土工程勘察规范(GB50021—2001)[M]. 北京:建筑工程出版社,2002.

中华人民共和国交通部. 公路土工实验规程(JTJ 051—85)[M]. 北京:人民交通出版社,1986.

中华人民共和国水利部. 土工实验规程(SL237—1999)[M]. 北京:中国水利水电出版社,1999.

中华人民共和国水利部. 岩土工程基本术语标准(GB/T 50297—98)[M]. 北京:中国计划出版社,1999.

中华人民共和国水利电力部. 土工实验规程(第一分册、第二分册)(SD128-84)[M]. 2版. 北京:水利电力出版社,1984.

附 录

附录一 土的物理力学性质指标的应用

指标		符号	实际应用	土的分类	
				黏性土	砂土
颗粒组成	有效粒径	d_{10}	砂土的分类和级配情况	−	+
	平均粒径	d_{50}	估计土的渗透性	−	+
	不均匀系数	C_u	计算过滤器孔径或计算反滤层	−	+
	曲率系数	C_c	评价砂土和粉土液化的可能性	+	+
含水率		W	计算孔隙比等其他物理力学指标	+	+
			评价土的容许承载力	+	+
			评价土的冻胀性	+	+
密度		ρ	计算干密度、孔隙比等其他物理性质指标	+	+
重度		γ	计算土的自重压力	+	+
水下浮重度		γ'	计算地基的稳定性和地基土的承载力	+	+
			计算斜坡的稳定性	+	+
			计算挡土墙的压力	+	+
相对密度		D_r	计算孔隙比等其他物理力学指标	+	+
干密度		ρ_d	计算孔隙比等其他物理力学指标	+	+
			评价土的密度	−	+
			控制填土地基质量	+	−
孔隙比		e	评价土的密度	−	+
孔隙率		n	计算土的水下浮重	+	+
			计算压缩系数和压缩模量	+	+
			评价土的容许承载力	+	+
饱和度		S_r	划分砂土的湿度	−	+
			评价土的容许承载力	−	+
可塑性	液限	W_L	黏性土的分类	+	−
	塑限	W_p	划分黏性土的状态	+	−
	塑性指数	I_p	评价土的容许承载力	+	−
	液性指数	I_L	估计最优含水率、估算土的力学性质	+	−
	含水比	u	评价老黏性土和红黏土的承载力	+	−
	活动度	A	评价含水率变化时土的体积变化	+	−
压缩性	压缩系数	a_{1-2}		+	−
	压缩模量	E_s	计算地基变形		
	压缩指数	C_c	评价土的容许承载力		
	体积压缩系数	m_s		+	−
	固结系数	C_v	计算沉降时间及固结度	+	−
	先期固结压力	P_c	判断土的应力状态和压密状态	+	+
	超固结比	OCR			

续附录一

指标		符号	实际应用	土的分类	
				黏性土	砂土
抗剪强度	内聚力	C	评价地基的稳定性和计算容许承载力	＋	－
	内摩擦角	φ	计算斜坡的稳定性、挡土墙的土压力	＋	－
击实性	最大干密度	$\rho_{d\max}$	控制填土地基质量及夯实效果	＋	－
	最优含水率	W_{op}			
渗透系数		K	计算基坑的涌水量	＋	＋
			设计排水构筑物	＋	＋
			计算沉降所需时间	＋	－
			人工降低水位的计算	＋	＋
最大孔隙比		$e_{\max}$	评价砂土密度	－	＋
最小孔隙比		$e_{\min}$	估价砂土体积的变化	－	＋
相对密度		D_r	评价砂土液化的可能性	－	＋
侧压力系数泊松比			研究土中应力与应变的关系	＋	＋
			计算变形模量	＋	＋
孔隙水压力系数			研究土中应力与孔隙水压力的关系	＋	＋
承载比			设计公路与机场跑道	＋	＋
无侧限抗压强度			估计土的承载力	＋	－
			估计土的抗剪强度	＋	－
灵敏度			评价土的结构性	＋	－

注：表中"＋"表示适用；"－"表示不适用。

附录二 扰动试样制备技术方法介绍

试样制备程序,对于室内土工实验来说,是一个不容忽视的重要技术环节,应特别注意。因为实验样品的状态直接关系到实验成果的正确获得。

实验样品的制备有两种不同状态,即原状土和扰动土。

原状土是保持了土的天然结构状态指标的土类,它来自现场钻孔原位土体。原状土的试样制备,通常采用环刀法制取,或用切土盘和切土器制取,不规则土样可以采用蜡封法求密度或者现场采用灌水方法或灌砂方法求密度。按具体实验的实际需要,原状土在室内制备后,一般可直接实验,或先进入抽气饱和程序后,再在相应的土工仪器上进行物理力学性质实验。

扰动土试样制备与原状土试样制备相比,显得较为复杂,它涉及到土的风干、碾磨、分样、过筛、加水、拌匀、封袋、储藏保湿、击实(或压样、击样)、脱模、饱水与排气等一系列制备程序。其中过筛与样品的成型采用方式,在整个制备程序中,显得更为重要。

扰动土试样制备实际上是按原状土的含水率、密度等结构性物理指标来重塑土体的问题。重塑土的微观结构并不因此就等同于原状土,它仅仅是仿真。因为重塑土作为实验土体具有理想的各向同性,而原状土通常具有随机的各向异性。同一种土,实验方法、实验仪器不同,控制状态不同,反映的主要物理力学性质实验指标也存在不同程度的差异。因此只有采用符合实际情况的方法和实验步骤,才能获得较为理想、正确的实验技术参数。

关于扰动样的制备技术方法依然需要不断研究、不断完善。现将实验规范中涉及的主要内容分别叙述如下。

1. 风干

扰动土实验样品,一般不宜采用烘干土,而通常采用风干土,其理论依据是扰动土在烘干过程中,易使土中颗粒内部的物理化学性质等发生微妙的质与量的改变,从而影响实验指标的客观真实性。风干一般可选择在自然日照下或在烘箱内模拟日光温度(50~60℃)进行。

2. 碾磨

扰动土实验样品的碾磨,应依据土的颗粒状态的不同实际情况,分别采用相宜的研钵手工碾磨、钢棍或木棍碾磨、电动式土样粉碎机碾磨。

3. 分样

对砂及砂砾土按四分法或砂器细分土样,然后取足够实验用的代表性土样供颗粒分析实验用,其余过5mm筛。筛上筛下部分分别贮存,供做比重及最大最小孔隙比等实验用,取一部分过2mm筛的土样供力学性实验用。

4. 过筛

扰动土实验样品的过筛,应依据土的实验项目的具体情况而定。一般过筛筛号选择5mm、2mm、0.5mm孔径。击实样品(力学性质和渗透性质实验用土)一般采用5mm孔径筛号;颗粒分析、土粒的密度实验,一般采用2mm孔径筛号;界限含水率指标液、塑限实验,一般采用0.5mm孔径筛号。

5. 加水

扰动土实验样品的加水,应通过事先计算,加以量的控制,一般采用重量法或体积法即可。

6. 拌匀

扰动土实验样品加水后,要仔细地在塑料布上或瓷盘内拌匀土料,一般可采用土工调土刀或手工拌匀,然后系住袋封口,来回往复地揉捏,使之充分均匀。

7. 封袋

扰动土实验样品加水拌匀后,及时封袋。封袋一般采用胶带纸或包装绳捆扎紧即可。

8. 储藏保湿

扰动土实验样品封袋后,应立即放入饱和缸内,置于阴凉处,储藏保湿时间为3d。

9. 击实(或压样、击样)

扰动土实验样品储藏保湿3d后,依据不同实验项目需要,分别采用击实法、压样法、击样法将土样加工成型。三种方法各有优缺点,可依据不同试样尺寸大小而定,一般小件环刀实验样品宜采用压样法,对于大、中实验样品,一般采用击实法或击样法。压样法是利用相同于环刀尺寸的压样模具,先将已通过计算其质量和湿度的试样小心倒入模具内,再用模盖反扣住,然后用橡皮锤反复打紧在相宜的容积试高即可;击实法或击样法分别在击实仪或试样筒内,按三层击实或击样,控制住相宜的容积试高即可。由于击实法和击样法是分别按三层击打成型试样,所以在切取多个试件时,不宜严格控制统一相同的湿度、密度指标。

10. 脱模

采用击实法或击样法加工成型的土样,需要进行样品的脱模,脱模在电动脱模机上完成,随后在环刀或切土盘上制备相应尺寸的试件。

11. 饱水与排气

实验样品加工成型后,应依据实验具体需要,决定是否饱水与排气。饱和方式,可依据具体土性,选择不同的方法。粉质黏土和黏土,一般规定采用真空抽气饱和法;砂性土或粉土,一般规定采用毛细管饱和法。其要求是既要达到排气与饱和的目的,又不使土体结构因受到不当实验方法产生人为的扰动影响。

关于颗粒分析实验中的混合土问题,实验时,不能仅作一个简单化的过粗筛处理,应按土料的实际情况,对粗颗粒和细颗粒两部分成分分别进行联合实验分析。第一,土的实际用量要尽量多些,使它具有代表性。一般宜取大于等于2 000g风干土作为实验用土。第二,应分别作干法(筛析法)与湿法(静水沉降法)的测定。在混合土颗粒分析实验时,可先风干其实验样品,称取足够的土样加以浸水,时间控制在1d左右;然后分别过5mm或2mm粗筛及0.075mm洗筛,以初步分离土中的大小不同颗粒成分。第三,小于0.075mm筛下部分是颗粒悬液,需静置沉淀大于等于1d时间后用洗耳球小心吸去清水,再放入电热烘箱内以105~110℃温度,经不少于6h的时间烘干后取出,在电子天平上称量30g的代表性样品,作为细粒土的静水沉降法颗粒分析实验用土。第四,大于0.075mm的颗粒部分分离后,可直接放入大瓷盘内,在电热烘箱内以105~110℃实验温度,经不少于6h的时间烘干,再作粗粒土的筛分法颗粒分析实验。粗、细两部分实验分别完成后,其最终成果的计算步骤为:先作单一性实验成果计算;然后将粗颗粒实验中的小于0.075mm颗粒累积质量百分含量值,分别折算小于0.05mm、0.01mm、0.005mm、0.002mm颗粒的累积质量百分含量;最后,在此基础上计算各粒组质量百分含量。关于土的定名、颗粒分析累积曲线和级配判断,可按其实验成果的累积质量百分含量、不均匀系数与曲率系数,经综合分析后给出。

实验成果报告

所在专业：_____

所在班级：_____

班级学号：_____

学生姓名：_____

实验成绩总评：_____

实验指导老师：_____

筛析法测定砂类土的粒度成分实验成果表

样品质量：　　　　(g)			土的定名：		最大粒径：　　　(mm)
粒组(mm)	粒组质量(g)	粒组质量百分含量(%)	修正后粒组质量百分含量(%)	粒径(mm)	累积质量百分含量(%)
>10				>10	
10~5				<10	
5~2				<5	
2~1				<2	
1~0.5				<1	
0.5~0.25				<0.5	
0.25~0.075				<0.25	
<0.075				<0.075	
有效粒径	有限粒径		特征粒径	不均匀系数	曲率系数
$d_{10}=$	$d_{60}=$		$d_{30}=$	$C_u=$	$C_c=$

级配判断：良好级配☐　　　不良级配☐

注：☐内是为√，否为×。

颗粒分析累积曲线

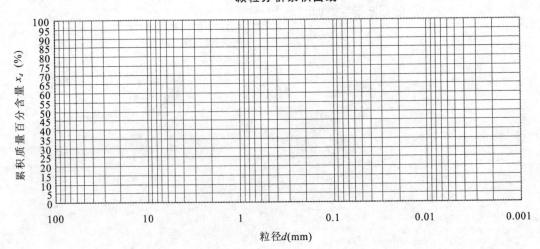

甲种密度计法颗粒分析实验记录

密度计号：　　　　　　弯液面校正值：

风干土质量：　　　g　　干土总质量：30g　　　小于0.075mm颗粒土质量百分数：　　％

湿土质量：　　　g　　量筒号：　　　　含水率：　　％　　烧瓶号：

干土质量：　　　g　　土粒密度：　　　含盐量：　　　比重校正值CG

试样处理说明：

实验时间	下沉时间 t(min)	悬液温度 T(℃)	密度计读数				土粒落距 L(cm)	粒径 d(mm)	小于某粒径的土质量百分数(%)	小于某粒径的总土质量百分数(%)
			密度计读数 R	温度校正值 m	分散剂校正值 c_D	$R_M=R+m+n-c_D$ $R_H=R_M C_s$				

虹吸比重瓶法测定黏性土的粒度成分实验记录

悬液体积：1000ml　　　　　比重瓶体积：50ml　　　　　悬液温度：_____ ℃

粒径 (mm)	比重瓶号	瓶、水、土重 B_i 代号	g	瓶水合重 A g	瓶中土粒浮重 g	累积质量百分含量 计算式	%	粒径 mm	质量百分含量 %
>0.075		B_0				$K_1(B_0-A)$		>0.075	
<0.075		B_1				$K_2(B_1-A)$		0.075~0.05	
<0.05		B_2				$K_2(B_2-A)$		0.05~0.01	
<0.01		B_3				$K_2(B_3-A)$		0.01~0.005	
<0.005		B_4				$K_2(B_4-A)$		0.005~0.002	
<0.002		B_5				$K_2(B_5-A)$		<0.002	
$K_1=\dfrac{100}{(B_0-A)+(B_1-A)\dfrac{V}{V_0}}$					$K_2=K_1\cdot\dfrac{V}{V_0}$			土的名称	

土的物理性质三项实测指标实验记录

土的天然密度实验（环刀法）（ρ）

环刀号	环刀质量 (g)	环刀+土质量 (g)	土质量 (g)	环刀体积 (cm³)	天然密度 ρ(g/cm³)	平均天然密度 $\bar{\rho}$(g/cm³)
				60		
				60		

土的天然含水率实验（烘干法）（W）

盒号	盒质量 (g)	盒+湿土质量 (g)	盒+干土质量 (g)	水份质量 (g)	干土质量 (g)	含水率 W_i(%)	平均含水率 $\bar{W}$(%)

土粒的密度实验（比重瓶法）（ρ_s）

瓶号	瓶质量 (g)	瓶+干土质量 (g)	干土质量 (g)	瓶+水+土的质量 (g)	瓶+水的质量 (g)	排开同体积水质量 (g)	土粒的密度 ρ_s(g/cm³)	平均土粒的密度 $\bar{\rho}_s$(g/cm³)

常见物理性质推导计算指标（综合练习）

干密度 $\rho_d=$	g/cm³	孔隙度 $n=$	%
原始孔隙比 $e=$		饱和度 $S_r=$	%

锥式液限仪法测定黏性土的液限实验记录

液限(W_L)							
盒号	盒质量 (g)	盒+干土质量 (g)	盒+湿土质量 (g)	水的质量 (g)	干土的质量 (g)	液限 $W_L(\%)$	平均液限 $W_L(\%)$
塑限(W_p)							
盒号	盒质量 (g)	盒+干土质量 (g)	盒+湿土质量 (g)	水的质量 (g)	干土的质量 (g)	塑限 $W_p(\%)$	平均塑限 $W_p(\%)$

塑性指数 $I_p=$　　　　％　　　　　　液性指数 $I_L=$
按塑性指数 I_p 定土名：　　　　　　　按液性指数 I_L 分稠度状态：

联合测定仪法测定黏性土的液、塑限实验记录

锥沉刻度 (mm)	盒号	盒质量	盒+湿土质量 (g)	盒+干土质量 (g)	水分质量 (g)	干土质量 (g)	含水率 $W(\%)$
第一次							
第二次							
第三次							
第四次							

液限含水率 $W_L=$　　　％　　液性指数 $I_L=$
塑限含水率 $W_p=$　　　％　　塑性指数 $I_P=$　　　％
稠度状态：
土的定名：

联合液、塑限实验(下沉深度h与含水率W关系曲线)

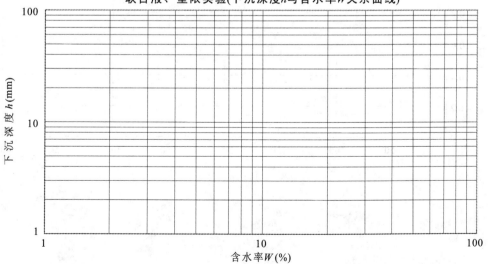

固结实验记录(低压)

荷重等级 (kPa)	量表总变形值 (mm)	仪器变形值 (mm)	试样实际变形值 (mm)	各级荷重孔隙比 e_i
50				
100				
200				
300				
400				

原始孔隙比 e_0:

压缩系数 a_{1-2}: MPa^{-1}

压缩模量 E_s: MPa

土的压缩性能判断:低压缩性土   中压缩性土   高压缩性土

备注:各级荷重稳定标准的教学模拟时间为 10min

压缩曲线

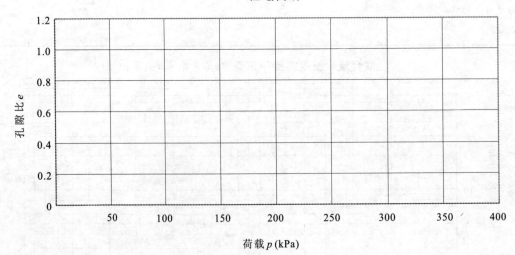

实验成果报告

直剪仪测定土的抗剪强度实验记录(快剪)

荷重等级 (kPa)	量力环率定值(精确至 0.01) (kPa)	量表变形值(精确至 0.01) (mm)	剪应力 (kPa)
100			
200			
300			
400			
内聚力 $C_q=$ kPa 内摩擦角 $\varphi_q=$ °			

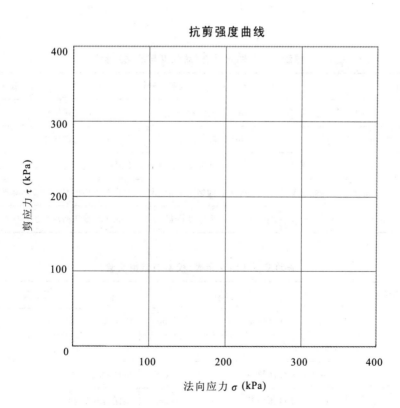

抗剪强度曲线

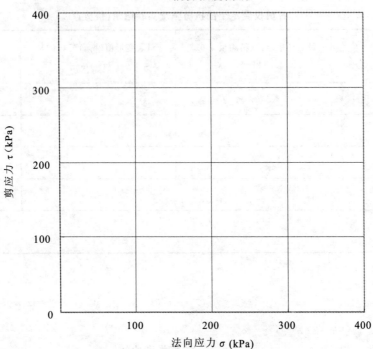

抗剪强度曲线

振动三轴实验记录表（动强度与液化实验）

固结前		固结后		固结条件		实验及破坏条件	
试样直径 d	（mm）	试样直径 d_c	（mm）	固结应力比 K_c		振动频率	（Hz）
试样高度 h	（mm）	试样高度 h_c	（mm）	轴向固结应力 σ_{1c}	（kPa）	给定破坏振次	（次）
试样面积 A	（cm²）	试样面积 A_c	（cm²）	侧向固结应力 σ_{3c}	（kPa）	均压时孔压破坏标准	（kPa）
试样体积 V	（cm³）	试样体积 V_c	（cm³）	固结排水量 ΔV	（ml）	均压时应变破坏标准	（%）
试样干密度 ρ_d	（g/cm³）	试样干密度 ρ_{dc}（g/cm³）		固结变形量 Δh	（mm）	偏压时应变破坏标准	（%）

振动三轴实验记录表（模量与阻尼实验）

固结前		固结后		固结条件	
试样直径 d	（mm）	试样直径 d_c	（mm）	固结应力比 K_c	
试样高度 h	（mm）	试样高度 h_c	（mm）	轴向固结应力 σ_{1c}	（kPa）
试样面积 A	（cm²）	试样面积 A_c	（cm²）	侧向固结应力 σ_{3c}	（kPa）
试样体积 V	（cm³）	试样体积 V_c	（cm³）	固结排水量 ΔV	（ml）
试样干密度 ρ_d	（g/cm³）	试样干密度 ρ_{dc}	（g/cm³）	固结变形量 Δh	（mm）

三轴剪切实验记录

(测孔隙压力)

适用 UU\CU\CD 实验

侧压力 (kPa)	量力环百分表读数 0.01(mm)	活塞荷重 (N)	轴向应变百分表读数 0.01(mm)	量水管读数 0.01 (mm)	试样体积变化 (cm³)	体积变化百分数 (cm³)	轴向应变 (%)	应变减量	校正后试样面积 (cm²)	应力差 (kPa)	孔隙压力表读数 (kPa)	孔隙压力 (kPa)	孔隙压力系数		
σ_3	R	$p=K_1 R$	$\Sigma \Delta h$	Q	$\Sigma \Delta V$	$\Sigma \Delta V/V_0$	$\epsilon=\Sigma \Delta h/h_0$	$1-\epsilon$	$A_e = A_0 - \Sigma \Delta V/h_0/1-\epsilon$	$\sigma_1-\sigma_3=p/A_e$	U_i	$U=U_i-U_0$	B	A	$\bar{B}$
(1)	(2)	(3)	(4)	(5)	(6)	(7)	(8)	(9)	(10)	(11)	(12)	(13)	(14)	(15)	(16)

注：表中 K_1 为量力环（测力环）弹性（校正）系数，N/0.01mm。

黏性土渗透系数实验记录

（南 55 型仪变水头法）

仪器编号 _____　　测压管断面积 $A=$ _____　　试样断面积 $F=$ _____　　试样长度 $L=$ _____

开始时间 t_1	终了时间 t_2	经过时间 t	开始水头 h_1	终了水头 h_2	$2.3\dfrac{a}{F}\cdot\dfrac{L}{t}$	$\lg\dfrac{h_1}{h_2}10^{-7}$	水温 $T℃$ 时的渗透系数 K_T	水温 T	校正系数 $\dfrac{\mu_T}{\mu_{20}}$	水温 20℃ 时的渗透系数 K_{20}	平均渗透系数 K_{10}
月-日-时-分	日-时-分	s	cm				10^{-7} cm/s	℃		cm/s	cm/s
(1)	(2)	(3) = (2)−(1)	(4)	(5)	(6) = $\dfrac{aL}{2.3F\cdot(3)}$	(7) = $\lg\dfrac{(4)}{(5)}$	(8) = (6)·(7)	(9)	(10)	(11) = (8)·(10)	(12)

静力触探实验记录

工程编号：　　　　　　　　探头编号：
孔　号：　　　　　　　　　探头系数：
水位埋深：　　　　　　　　孔　深：　　　　　　　　测试日期：

触探深度 (m)	锥尖阻力 q_c(kPa)				侧壁摩阻力 f_s(kPa)				孔压 U(kPa)		$FR=\dfrac{f_s}{q_c}(\%)$
	读数	回零	校正值	q_c	读数	回零	校正值	f_s	$U_{\max}$	ΔU